G. P. Merker / C. Eiglmeier

Fluid- und Wärmetransport
Wärmeübertragung

Fluid- und Wärmetransport Wärmeübertragung

Von Univ.-Prof. Dr.-Ing. habil. Günter P. Merker
und Dipl.-Ing. Christian Eiglmeier
Universität Hannover

Mit 66 Bildern

B. G. Teubner Stuttgart · Leipzig 1999

ISBN-13:978-3-519-06386-5   e-ISBN-13:978-3-322-80130-2
DOI: 10.1007/978-3-322-80130-2

Die Deutsche Bibliothek – CIP-Einheitsaufnahme

Ein Titeldatensatz für diese Publikation ist bei
Der Deutschen Bibliothek erhältlich

Gesamtherstellung: Präzis-Druck GmbH, Karlsruhe
Umschlaggestaltung: Peter Pfitz, Stuttgart

Vorwort

Das vorliegende Buch entstand aus Vorlesungen über Wärmeübertragung, die der erstgenannte Autor in früheren Jahren an den Technischen Universitäten München und Karlsruhe gehalten hat und sie seit dem Wintersemester 1997 regelmäßig mit einem Umfang von zwei Semesterwochenstunden an der Universität Hannover hält. Das Buch wendet sich an Studierende des Maschinenbaus und anderer technischer Fachrichtungen an Universitäten und Fachhochschulen. Es ist sowohl zum Gebrauch neben den entsprechenden Vorlesungen als auch zum Selbststudium geeignet.

Im Hinblick auf die zunehmende Verbreitung von kommerziell verfügbaren Rechenprogrammen zur numerischen Lösung von Wärmeübertragungsproblemen ist uns weniger die Beschreibung einer Vielzahl technischer Anwendungen als vielmehr die Darlegung der physikalischen Grundlagen und der mathematischen Zusammenhänge ein besonderes Anliegen.

Bei der Auswahl des Stoffes haben wir den technisch besonders relevanten Themen der Wärmeübertragung einphasiger Fluide einen breiteren Raum gewidmet, wodurch die Darstellung des Wärmeübergangs beim Kondensieren und Sieden sowie die Temperaturstrahlung naturgemäß etwas knapper ausfallen mußten. Im Hinblick auf die für die konvektive Wärmeübertragung wesentlichen Impulstransportprozesse verweisen wir auf das in der gleichen Reihe erscheinende Buch "Strömungslehre".

Der erste Autor ist seinem akademischen Lehrer, Herrn Prof. Dr.-Ing. Dr.-Ing. E. h. Ulrich Grigull für die Jahre am Lehrstuhl A für Thermodynamik an der Technischen Universität München zu großem Dank verpflichtet. Sein besonderer Dank gebührt aber auch Herrn Oberingenieur Dr.-Ing. Heinrich Sandner für ausführliche Gespräche über Detailprobleme der Wärmeleitung. Frau Brauer danken wir für ihren unermüdlichen Einsatz bei der graphischen Gestaltung und Frau Settmacher für ihre Geduld bei der Ausführung der Schreibarbeiten und der Montage von Text und Abbildungen. Herrn Dipl.-Ing. Friedrich Müller sind wir für die kritische Durchsicht des Manuskriptes sowie für Verbesserungsvorschläge zu Dank verpflichtet. Dem Teubner-Verlag danken wir für die stets gute Zusammenarbeit.

Hannover, im Juli 1999

Günter P. Merker
Christian Eiglmeier

Inhaltsverzeichnis

Formelzeichen

Δ Laplace-Operator $(\partial^2 / \partial x^2 + \partial^2 / \partial y^2 + \partial^2 / \partial z^2)$

∇ Nabla-Operator $(\partial / \partial x, \partial / \partial y, \partial / \partial z)$

A Fläche $[\,\mathrm{m}^2\,]$

       Integrationskonstante

       Temperatursteigung $[\,\mathrm{K / m}\,]$

a Absorptionskoeffizient $[\,1 / \mathrm{m}\,]$

       Temperaturleitfähigkeit $[\,\mathrm{m}^2 / \mathrm{s}\,]$

a_t Wirbeldiffusion $[\,\mathrm{m}^2 / \mathrm{s}\,]$

B Parameter bei Rohrisolierung

Bi Biot-Zahl $(= \alpha\, X / \lambda)$

b Wärmeeindringkoeffizient $[\,\mathrm{W\, s}^{1/2} / (\mathrm{K\, m}^2)\,]$

       Breite $[\,\mathrm{m}\,]$

C Konstante

$\dot{C}$ Wärmekapazitätsstrom $[\,\mathrm{W / K}\,]$

C^* Wärmekapazitätsstromverhältnis

C_k Koeffizient $[\,\mathrm{K}\,]$

c_f örtlicher Reibungskoeffizient

c_p spezifische, isobare Wärmekapazität $[\,\mathrm{J / (kg\ K)}\,]$

c_s spezifische Wärmekapazität des Speichermaterials $[\,\mathrm{J / (kg\ K)}\,]$

c_w Widerstandskoeffizient

d Durchmesser $[\,\mathrm{m}\,]$

       Durchlaßzahl

E Energie $[\,\mathrm{J}\,]$

$E\,(T)$ Emissionsvermögen bei der Temperatur T $[\,\mathrm{W / m}^2\,]$

e Einstrahlzahl

F Kraft $[\,\mathrm{N}\,]$

       Fluideigenschaft

$F\,(\xi)$ Ansatzfunktion

Fo Fourier-Zahl $(= (a\, t) / X^2)$

f Druckverlustkoeffizient nach Fanning

       Korrekturfaktor für kurze Rohre

$G\,(x)$ Ansatzfunktion $[\,1 / \mathrm{m}\,]$

Gr Grashof-Zahl $(= g\, x^3\, \nu^{-2}\, \beta\, [T_w - T_\infty])$

g Erdbeschleunigung $(= 9.81\,\mathrm{m / s}^2)$

H Enthalpie $[\,\mathrm{J}\,]$

$H\,(x)$ Ansatzfunktion $[\,\mathrm{m}^2 / \mathrm{s}\,]$

h spezifische Enthalpie [J / kg]

I Strahlungsintensität [W /m^2]

        Impuls [(kg m) / s]

k Wärmedurchgangskoeffizient [W / (m^2 K)]

L, l Länge [m]

L_{hyd} hydraulische Einlauflänge [m]

L_{th} thermische Einlauflänge [m]

$\dot{M}$ Kondensatmassenstrom [kg / s]

m Masse [kg]

        Rippenparameter [1/m]

N_i Number of Transfer Units (NTU) des Stoffstroms i

Nu Nußelt-Zahl ($= (\alpha X) / \lambda$)

n Parameter für Platte, Zylinder und Kugel

        Drehzahl [1/ s]

Pe Peclet-Zahl ($= RePr$)

Pr Prandtl-Zahl ($= v / a$)

p Druck [N / m^2]

Q Wärmemenge [J]

$\dot{Q}$ Wärmestrom [W]

q Wärmestromdichte [W / m^2]

        Integrationskonstante

R Radius [m]

Ra Rayleigh-Zahl ($- G_i P_i$)

Re Reynolds-Zahl ($= (w X) / v$)

r Radius [m]

        Reflexionszahl

St Stanton-Zahl ($= Nu / (Re\ Pr)$)

s Wanddicke [m]

T Temperatur [K]

t Zeit [s]

U innere Energie [J]

        Körperumfang [m]

$U(x)$ Maßstabsfaktor für die Geschwindigkeit [m / s]

u Strömungsgeschwindigkeit [m / s]

        spezifische innere Energie [J / kg]

u' Schwankungswert der turbulenten Geschwindigkeitskomponente

V Volumen [m^3]

v Geschwindigkeitskoordinate [m / s]

v	Schwankungswert der turbulenten Geschwindigkeitskomponente
W	Leistungsdichte [W / m^3]
w	Geschwindigkeitskoordinate [m / s]
w'	Schwankungswert der turbulenten Geschwindigkeitskomponente
X	charakteristische Länge [m]
x	Wegkoordinate [m]
x^*	thermische Längenkoordinate [m]
x^+	hydraulische Längenkoordinate [m]
y	Wegkoordinate [m]
z	Wegkoordinate [m]

Griechische Symbole

α	konvektiver Wärmeübergangskoeffizient [W / (m^2 K)]
β	isobarer thermischer Ausdehnungskoeffizient [1 / K]
β_0	Randwinkel [°]
δ	fiktive Wanddicke [m]
	Kondensatfilmdicke [m]
δ_k	Eigenwert k für die Platte
δ_s	Strömungsgrenzschichtdicke [m]
δ_T	Temperaturgrenzschichtdicke [m]
ε	Effektivität
	Emissionskoeffizient
	Epsilon-Umgebung, Fehlerschranke
η	dynamische Viskosität [(N s) / m^2]
	Ähnlichkeitsvariable
Θ	dimensionslose Temperatur
λ	Wärmeleitfähigkeit [W / (m K)]
	Wellenlänge [m]
μ_k	Eigenwert k für den Zylinder
v	kinematische Viskosität [m^2 / s]
v_i	Eigenwert k für die Kugel
v_t	Wirbelviskosität [m^2 / s]
ξ	Ähnlichkeitsvariable
	Druckverlustkoeffizient nach Darcy
	dimensionslose Länge
ρ	Dichte [kg / m^3]

σ	Grenzflächenspannung $[\,N/m^2\,]$
	Stefan-Boltzmann-Konstante $(= 5.67\cdot 10^{-8}\ W/(m^2\ K^4))$
τ	Schubspannung $[\,N/m^2\,]$
	Relaxationszeit $[\,s\,]$
$\varphi(t)$	Separationsfunktion $[\,K\,]$
$\Psi(r)$	Separationsfunktion
$\Psi(x,y)$	Stromfunktion $[\,m^2/s\,]$
ω	Kreisfrequenz $[\,1/s\,]$

Indizes

∞	in hinreichend großem Wandabstand
0	Anfangswert $(t = 0)$
1	Fluid 1
12	von Fluid 1 nach Fluid 2
2	Fluid 2
A	Austritt
a	außen
E	Eintritt
g	aufgrund der Schwerkraft
i	innen
	Laufvariable
j	Laufvariable
L	an der Stelle $x = L$
LG	Flüssigkeit gegen Dampf
l	bezogen auf die Länge
m	gemittelt
max	Maximalwert
min	Minimalwert
p	aufgrund des Druckes
q	bei konstanter Wärmestromdichte
r	Regenerator
S	strömungsbezogen
SG	Wand gegen Dampf
SL	Wand gegen Flüssigkeit
Str	aufgrund Strahlung
s	schwarzer Körper

T	bei konstanter Wandtemperatur
t	turbulent
w	an der Wandoberfläche
x	ortsbezogen
τ	aufgrund der Schubspannung

1 Einführung

In diesem Kapitel werden die verschiedenen Wärmeübertragungsarten sowie die damit in Zusammenhang stehenden physikalischen Größen und Grundbegriffe behandelt, deren Kenntnis notwendig ist, um wärmetechnische Aufgabenstellungen zu lösen. Im zweiten Teil des Kapitels werden diese Zusammenhänge aufgegriffen und deren Anwendung auf dem technisch relevanten Teilgebiet der Wärmeübertrager dargestellt.

Unter *Wärme* versteht man einen Energietransport über die Grenzen eines thermodynamischen Systems. Durch *Wärmeübertragung* wird dann beim geschlossenen System die innere Energie U und beim offenen System die Enthalpie H im System geändert. Es werden folgende Begriffe verwendet:

- *Wärmestrom* $\dot{Q}$ [W $\equiv$ J/s]: Energiestrom über die Systemgrenzen, dessen Ursache ausschließlich Temperaturgradienten sind,
- *Wärmemenge* Q [J $\equiv$ Ws]: Über ein Zeitintervall integrierter Wärmestrom und
- *Wärmestromdichte* q [W / m^2]: Wärmestrom pro Fläche.

Die Wärmeübertragung kann auf drei ihrem Wesen nach gänzlich verschiedenen Mechanismen erfolgen, nämlich durch

- reine Wärmeleitung,
- konvektiven Transport in Fluiden und
- Temperaturstrahlung.

1.1 Wärmeleitung

Die Wärmeleitung ist ein Energietransport infolge atomarer und molekularer Wechselwirkungen unter dem Einfluß eines Temperaturgradienten. Zwischen der Wärmestromdichte q_i und dem Temperaturfeld $T(x_i)$ eines *homogenen* und *isotropen* Körpers gilt allgemein der Zusammenhang

$$q_i = - \lambda \, \frac{\partial T}{\partial x_i} \qquad \text{(auch: } \vec{q} = - \lambda \, \nabla T \text{)} \qquad . \qquad\qquad (1.1)$$

Dieser *Fouriersche Wärmeleitungssatz* geht auf Biot (1804, 1816) und Fourier (1822) zurück und wurde durch Präzisionsmessungen ausnahmslos bestätigt. Der Proportionalitätsfaktor λ in dieser Beziehung wird als Wärmeleitfähigkeit [W / (m K)] des Materials bezeichnet und ist für den Fall, daß das Wärmeleitvermögen von der Richtung abhängt (*anisotropes* Verhalten), ein symmetrischer Tensor mit sechs verschiedene Komponenten, entsprechend

$$\begin{pmatrix} q_1 \\ q_2 \\ q_3 \end{pmatrix} = \begin{pmatrix} \lambda_{11} & \lambda_{12} & \lambda_{13} \\ \lambda_{21} & \lambda_{22} & \lambda_{23} \\ \lambda_{31} & \lambda_{32} & \lambda_{33} \end{pmatrix} \begin{pmatrix} \partial T/\partial x_1 \\ \partial T/\partial x_2 \\ \partial T/\partial x_3 \end{pmatrix} \quad .$$

Für die Behandlung technischer Aufgabenstellungen bei *isotropen* Materialien kann die Wärmeleitfähigkeit jedoch als eine skalare und von der Temperatur abhängige Größe $\lambda \, (T)$ vorausgesetzt werden. Bei praktischen Berechnungen wird darüber hinaus meist ein bezüglich der Temperatur mittlerer Wert verwendet.

1.2 Konvektion

Unter *konvektiver Wärmeübertragung* versteht man einen Transport von Energie durch Fortführung mittels eines strömenden Fluids. Dieser Vorgang läuft immer *parallel* zum Energietransport durch Wärmeleitung ab und je nach den Eigenschaften des Fluids und der Art der Strömung kann der eine oder andere Transportmechanismus überwiegen.

Temperatur- und Strömungsfeld in bewegten Fluiden sind eng gekoppelt und beeinflussen sich gegenseitig. Nur das Studium der *thermofluiddynamischen* Vorgänge führt zu einem vertieften Verständnis der konvektiven Wärmeübertragung.

1.2.1 Wärmeübergangskoeffizient

Als Wärmeübergang bezeichnet man die Wärmeübertragung zwischen einer festen Wand und einem strömenden Fluid. Für die Wärmestromdichte an der Wand q_W gilt die Beziehung

$$q_W = \alpha \, (T_W - T_\infty)$$

(1.2)

mit T_W : Wandtemperatur,

T_∞ : Temperatur in hinreichend großem Abstand von der Wand,

$\alpha \left[\dfrac{W}{m^2 \, K} \right]$: Wärmeübergangskoeffizient.

Diese Beziehung geht vermutlich auf Newton (1701) zurück und wird deshalb als *Newtonsches Abkühlungsgesetz* bezeichnet. Genaugenommen ist sie jedoch nichts anderes als eine Definitionsgleichung für den Wärmeübergangskoeffizienten α, weil α im allgemeinen Fall nicht unabhängig von der Temperaturdifferenz $(T_W - T_\infty)$ ist.

1.2.2 Nußelt-Zahl

Berücksichtigt man, daß das Fluid an der Wand haftet, erfolgt der Wärmetransport von der Wand an die unmittelbar an der Wand haftenden Fluidteilchen durch reine Wärmeleitung. Deshalb kann die Wärmestromdichte an der Wand mit dem Temperaturgradienten im Fluid an der Wand berechnet werden. Damit erhält man

$$q_W = - \lambda \left(\frac{\partial T}{\partial x} \right)_W = \alpha \, (T_W - T_\infty) \, .$$

(1.3)

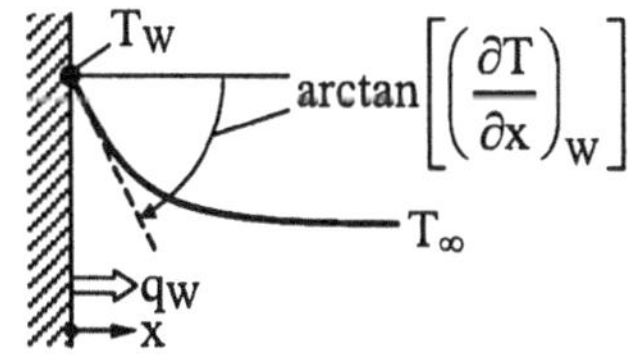

Abb. 1.1: Temperaturgradient im Fluid an der Wand

Führt man die *dimensionslose Länge*

$$\xi = \frac{x}{X}$$

mit einer für das Problem charakteristischen Länge X ein und analog dazu die *dimensionslose Temperatur*

$$\Theta = \frac{T - T_\infty}{T_W - T_\infty}$$

mit der charakteristischen Temperaturdifferenz $(T_W - T_\infty)$, so erhält man aus Gleichung 1.3 die Beziehung

$$-\left(\frac{\partial \Theta}{\partial \xi}\right)_W = \frac{\alpha \, X}{\lambda} \equiv Nu \qquad (1.4)$$

die Grundlage für die Definition der Nußelt-Zahl ist. Sie ist damit gleich dem negativen dimensionslosen Temperaturgradienten im Fluid an der Wand. Dabei ist die Wärmeleitfähigkeit λ die des Fluids bei der entsprechenden Temperatur.

Es ist gerade die Aufgabe der konvektiven Wärmeübertragung, Beziehungen für die Nußelt-Zahl für verschiedene Problemstellungen abzuleiten.

1.2.3 Erzwungene Konvektion

Man spricht von erzwungener Konvektion, wenn das Strömungsfeld vorgegeben ist, wie z. B. bei der Durchströmung von Kanälen oder bei der Umströmung von Körpern im Windkanal.

Abb. 1.2 zeigt qualitativ das Geschwindigkeits- und Temperaturprofil bei der Strömung durch ein beheiztes Rohr. In Abb. 1.3 sind das Geschwindigkeits- und das Temperaturprofil an einer beheizten und parallel zur Oberfläche "überströmten" ebenen Platte angegeben.

Bei der Plattenströmung sinkt innerhalb einer wandnahen Schicht die Temperatur von der Wandtemperatur T_W auf die Umgebungstemperatur T_∞ ab, und die Strömungsgeschwindigkeit steigt vom Wert Null an der Wand bis auf die Anströmungsgeschwindigkeit v_∞ an. Für diese wandnahe Schicht hat sich der Begriff *Grenzschicht*, auch Strömungs- (hydrodynamische) und Temperatur- (thermische) Grenzschicht eingebürgert. Es ist das Verdienst von Ludwig Prandtl, zur Berechnung dieser Grenzschicht die sog. Grenzschichtgleichungen abgeleitet und einer exakten Lösung (im Sinne der Grenzschichttheorie 1. Ordnung) zugeführt zu haben.

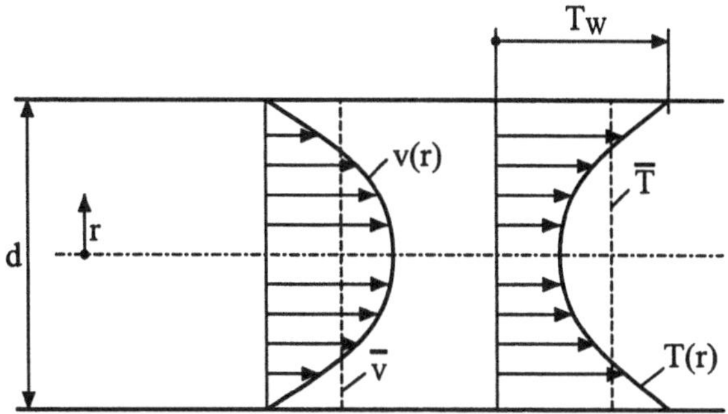

Abb. 1.2: Geschwindigkeits- und Temperaturprofil bei der Rohrströmung

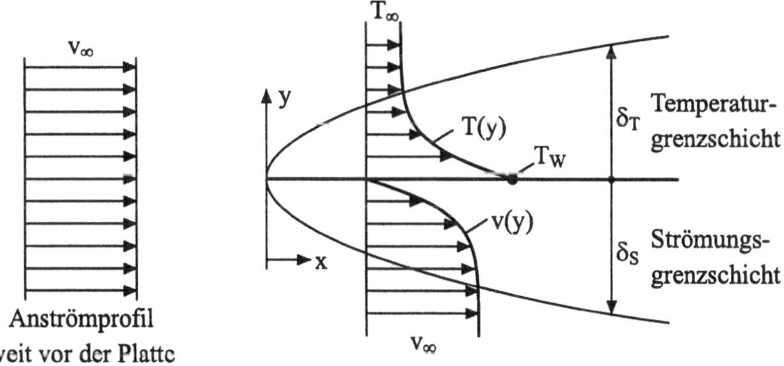

Abb. 1.3: Strömungs- und Temperaturgrenzschicht

1.2.4 Freie Konvektion

Bei der freien Konvektion fehlt das von außen aufgeprägte Geschwindigkeitsfeld und die Geschwindigkeit außerhalb der Grenzschicht ist deshalb gleich Null. Die Strömung innerhalb der Grenzschicht kommt ausschließlich durch Temperatur- bzw. Dichtegradienten zustande. Weil die Strömungsgeschwindigkeit an der Wand selbst wegen der Haftbedingung ebenfalls gleich Null ist, hat das Geschwindigkeitsprofil innerhalb der Grenzschicht ein Maximum. Abb. 1.4 zeigt das Temperatur- und Geschwindigkeitsprofil an einer beheizten ebenen Platte.

Durch die Wärmeleitung von der beheizten Platte an das Fluid erwärmen sich die wandnahen Fluidteilchen. Infolge der damit verbundenen Abnahme der Dichte des Fluids entsteht ein Auftrieb; die Fluidteilchen strömen in der Grenzschicht der Schwerkraft entgegen nach oben. Die Strömungsgeschwindigkeit steigt mit zunehmendem Abstand von der Platte zunächst an, wodurch zunehmend mehr Energie durch Konvektion fortgeführt und immer weniger durch Wärmeleitung weiter nach außen transportiert wird. Deshalb nimmt die Strömungsgeschwindigkeit nach Durchlaufen eines Maximums im äußeren Bereich der Strömungsgrenzschicht wieder ab. Die Strömungs- und Temperaturgrenzschichtdicken stellen sich nun so ein, daß die gesamte von der Platte abgegebene Wärmemenge durch die sich ausbildende freie Konvektion fortgeführt wird. Abb. 1.5 zeigt eine Interferenzaufnahme der freien Konvektion an der senkrechten Platte. Die Linien entsprechen mit guter Näherung Isoklinen (konstante Dichte) bzw. Isothermen (konstante Temperatur).

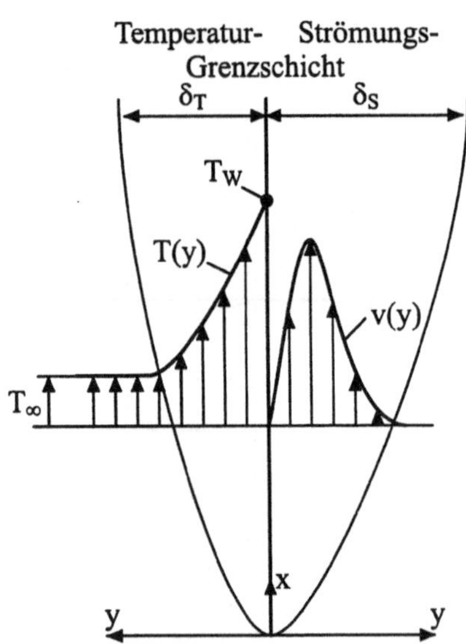

Abb. 1.4: Strömungs- und Temperaturgrenzschicht an der senkrechten Platte

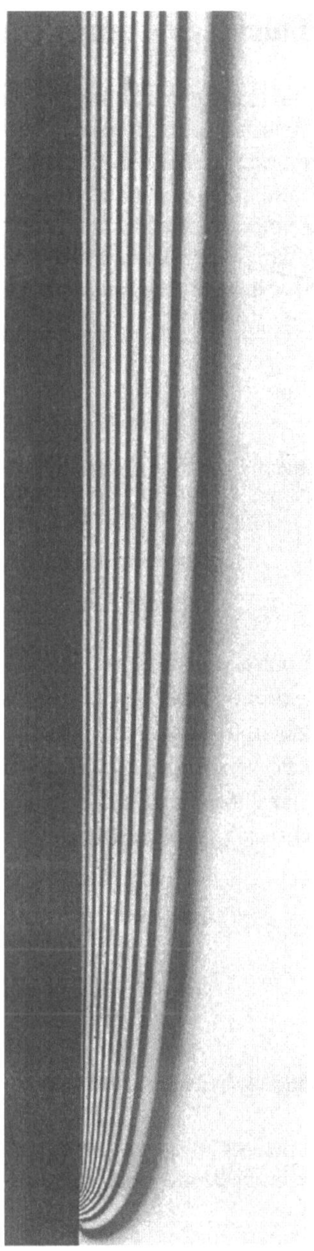

Abb. 1.5: Temperaturgrenzschicht bei freier Konvektion an der senkrechten Platte

1.2.5 Laminare und turbulente Strömung

Osborne Reynolds (1883) stellte bei der Untersuchung der Rohrströmung fest, daß die
Fluidteilchen bei kleinen Geschwindigkeiten in parallelen und geordneten Bahnen
strömen, daß aber ab einer bestimmten Größe der Strömungsgeschwindigkeit zusätzlich Querbewegungen auftreten, die mit steigender Geschwindigkeit immer heftiger
werden und schließlich zu einer vollkommen turbulenten Strömung führen. Als charakteristische Größe zur Beschreibung des Übergangs von der laminaren zur turbulenten Strömung fand Reynolds die nach ihm benannte Reynolds-Zahl:

$$Re \equiv \frac{\rho \, v \, d}{\eta} = \frac{v \, d}{v} \, . \tag{1.5}$$

Für die *Rohrströmung* (Kanalströmung) gilt die Einteilung

$$Re \leq 2300 \qquad \text{laminare Strömung,}$$
$$2300 < Re < 10^4 \qquad \text{Übergangsbereich und}$$
$$Re \geq 10^4 \qquad \text{voll turbulente Strömung.}$$

Als weiteres Beispiel betrachten wir die durch eine punktförmige Wärmequelle indu-
zierte Strömung (für wissenschaftliche Zwecke wird zweckmäßigerweise der aufstei-
gende Rauch einer brennenden Zigarette betrachtet). Durch die Rauchentwicklung bei
der Verbrennung des Tabaks wird die freie Konvektion gut sichtbar, siehe Abb. 1.6.
Bei der freien Konvektion wird der Umschlag von laminarer zu turbulenter Strömung
durch die Rayleighzahl Ra beschrieben. Die freie Konvektion ist für

$$Ra \equiv \frac{g \, x^3}{a \, v} \, \beta \, (T_W - T_\infty) \leq 2 \cdot 10^9 \tag{1.6}$$

immer laminar.

Wir kommen auf den Wärmeübergang bei freier Konvektion in Kap. 4 zurück.

Der an der Entwicklungsgeschichte der Wärmeübertragung und der Biografie der sie
wesentlich beeinflußten Forscher interessierte Leser sei auf Merker (1987) und die dort
zitierte Literatur verwiesen.

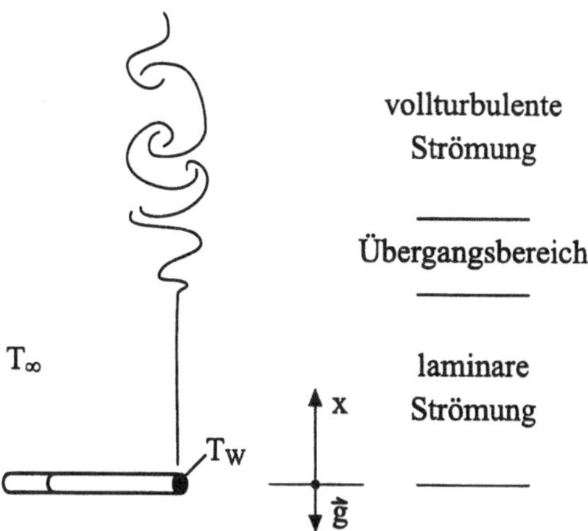

Abb. 1.6: Strömung bei freier Konvektion an einer "Punktquelle"

1.3 Temperaturstrahlung

Unter Temperaturstrahlung versteht man einen Energietransport durch Phononen und Photonen zwischen Körpern als Ursache ihrer unterschiedlichen Temperaturen. Dieser Transport findet in der Regel nur zwischen den Oberflächen fester Körper statt und ist im Idealfall vollkommen unabhängig von der Temperatur des Mediums zwischen den Körpern. Für die von der Oberfläche eines Körpers durch Strahlung abgegebene Wärmestromdichte gilt das *Stefan-Boltzmannnsche Gesetz*

$$q - \varepsilon\, \sigma\, T^4 \qquad\qquad (1.7)$$

mit der Strahlungskonstanten des schwarzen Körpers $\sigma = 5{,}67 \cdot 10^{-8}$ W / (m^2 K^4) und dem Emissionskoeffizienten ε. Das Stefan-Boltzmannsche Gesetz gilt streng nur für schwarze ($\varepsilon = 1$) und graue ($\varepsilon < 1$) Strahler, siehe Kap. 5. Erwähnenswert ist jedoch die Tatsache, daß die Wärmestromdichte bei der Temperaturstrahlung im Gegensatz zu den anderen Wärmetransportmechanismen von der vierten Potenz der Temperatur abhängt und sich bei einer Verdopplung der Körpertemperatur versechzehnfacht. Dieser Umstand bedingt, daß Wärmeübertragungsprobleme, bei denen Konvektion und

Wärmestrahlung gleichzeitig auftreten, nur mit hohem Aufwand einer Lösung zugeführt werden können.

1.4 Wärmeübertragungs-Apparate

Im folgenden wird eine Einführung in dieses für die Verfahrens- und Energietechnik wichtige Gebiet gegeben. Für eine ausführliche Darstellung wird auf Martin (1988) sowie auf die jeweils neueste Ausgabe des VDI-Wärmeatlas verwiesen.

1.4.1 Bauarten und Strömungsführung

Man unterscheidet zwischen Rekuperatoren und Regeneratoren. Bei *Rekuperatoren* wird thermische Energie durch eine Trennwand hindurch von einem heißen auf ein kaltes Fluid übertragen. Von Anfahr- und Abstellvorgängen abgesehen werden Rekuperatoren in der Regel stationär durchströmt (stationärer Betriebspunkt). Sie werden bezüglich der Strömungsführung in Gleichstrom-, Gegenstrom- oder Kreuzstrom-Anordnung ausgeführt, siehe dazu Abb. 1.7.

Bezüglich der Bauarten können sie in Rohrbündel-, Platten- und Spiralplatten-Wärmeübertrager eingeteilt werden (Abb. 1.8).

Bei *Regeneratoren* wird thermische Energie vom heißen Fluid auf einen Festkörper übertragen, dort kurzfristig gespeichert und anschließend auf das kalte Fluid übertragen. Wegen der Speicherwirkung des Regeneratormaterials werden diese Wärmeübertrager auch Speicherwärmeübertrager genannt. Weil sich das Temperaturfeld im Speichermaterial mit der Zeit periodisch ändert, arbeiten diese Wärmeübertrager grundsätzlich instationär, auch wenn sie in einem festen Betriebspunkt betrieben werden. Beim Übergang von einem bestimmten zu einem anderen Betriebspunkt treten zusätzlich transiente Vorgänge auf. Regeneratoren werden nur in Gegenstrom- oder Gleichstrom-Bauweise ausgeführt.

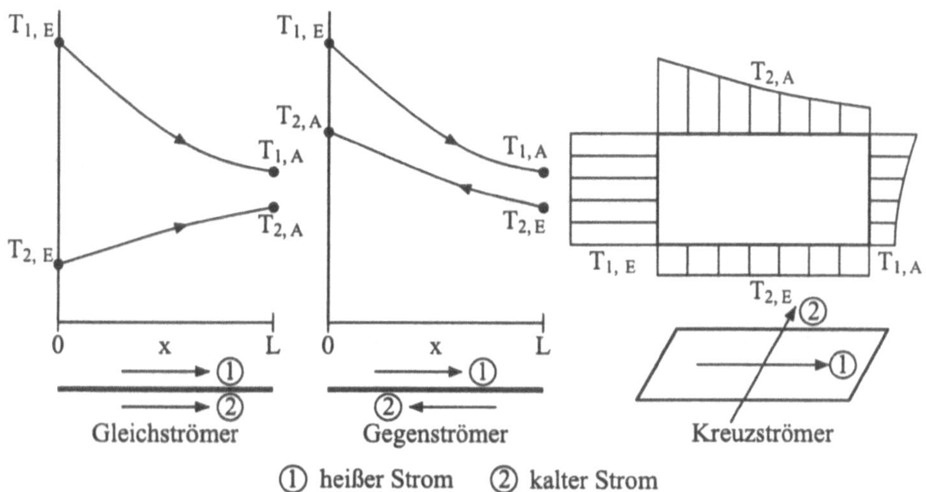

Abb. 1.7: Temperaturprofile bei verschiedenen Strömungsführungen

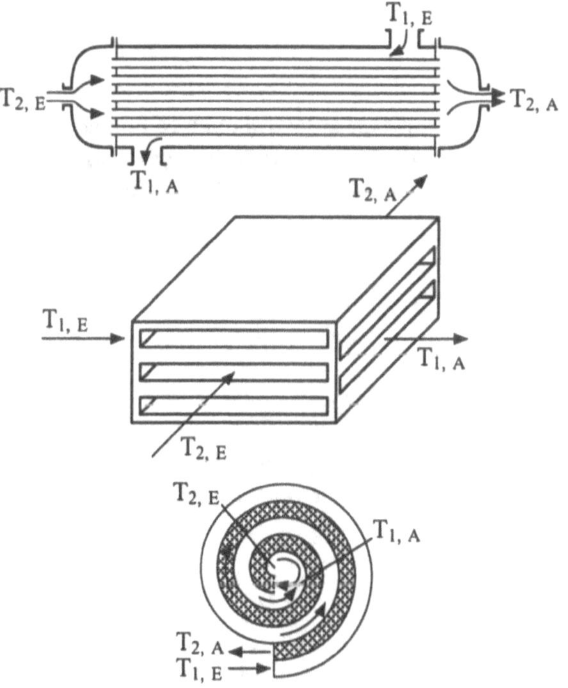

Abb. 1.8: Rohrbündel-, Platten- und Spiralplatten-Wärmeübertrager

1.4.2 Kenngrößen

Im stationären Zustand lautet die Energiebilanz für den gesamten Wärmeübertrager, wenn die Summe aus kinetischer und potentieller Energie der Fluide am Ein- und Austritt jeweils gleich groß ist und der Wärmeverlust an die Umgebung vernachlässigt werden kann (Index 1: heißes Fluid, Index 2: kaltes Fluid):

$$\dot{m}_1 \ (h_{1,E} - h_{1,A}) + \dot{m}_2 \ (h_{2,E} - h_{2,A}) = 0 \ . \tag{1.8}$$

Mit der Annahme konstanter spezifischer Wärmekapazität folgt daraus

$$\frac{T_{1,E} - T_{1,A}}{T_{2,A} - T_{2,E}} = \frac{(\dot{m} \, c_p)_2}{(\dot{m} \, c_p)_1} \ . \tag{1.9}$$

Das Produkt $\dot{m} \, c_p$ mit der Dimension W / K wird üblicherweise als Wärmekapazitätsstrom

$$\dot{C} \equiv \dot{m} \, c_p \tag{1.10}$$

bezeichnet. Je größer der Wärmekapazitätsstrom eines Fluids ist, um so mehr Energie kann es bei gleichzeitig geringer Temperaturdifferenz zwischen Aus- und Eintritt aufnehmen bzw. abgeben. Die Energiebilanzen für den heißen (1) und den kalten (2) Fluidstrom liefern

$$\dot{C}_1 \ (T_{1,E} - T_{1,A}) - \dot{Q}_{12} = 0 \tag{1.11}$$

$$\dot{C}_2 \ (T_{2,E} - T_{2,A}) + \dot{Q}_{12} = 0 \ . \tag{1.12}$$

Für den von Fluid 1 auf Fluid 2 übertragenen Wärmestrom gilt mit dem Wärmedurchgangskoeffizienten k nach Kap. 2.2.1 der kinetische Ansatz

$$\dot{Q}_{12} = k \ A \ (T_1 - T_2) \ . \tag{1.13}$$

Die Temperaturen T_1 und T_2 sind allerdings über die Länge des Wärmeübertragers nicht konstant. Deshalb muß für die Temperaturdifferenz $(T_1 - T_2)$ ein geeigneter Mittelwert eingesetzt werden. Um diesen Mittelwert zu berechnen, muß der Verlauf der Temperaturen $T_1(x)$ und $T_2(x)$ längs des Wärmeübertragers bekannt sein. Wir kommen weiter unten darauf zurück.

Zur Beschreibung des Betriebsverhaltens von Wärmeübertragern führt man zweckmä-ßigerweise dimensionslose Kenngrößen ein. Statt des Begriffs *Wirkungsgrad* verwendet man passender den Begriff *Effektivität* und definiert sie als

$$\text{Effektivität} = \frac{\text{übertragene Wärmemenge}}{\text{maximal übertragbare Wärmemenge}} \,. \tag{1.14}$$

Der maximal übertragbare Wärmestrom folgt anschaulich aus folgender Überlegung. Die Temperaturveränderung des heißen Fluids ist desto größer, je kleiner der Wärmekapazitätsstrom $\dot{C}_1$ ist, für $\dot{C}_1 \to 0$ folgt $T_{1,A} \to T_{2,E}$. Analoges gilt für das kalte Fluid. Damit erhält man für den maximal übertragbaren Wärmestrom

$$\begin{aligned} \dot{Q}_{max} &= \dot{C}_{min} \, (T_{1,E} - T_{2,E}) \\ \dot{C}_{min} &\equiv \min \left\{ \dot{C}_1, \dot{C}_2 \right\} \end{aligned} \,, \tag{1.15}$$

wobei $(T_{1,E} - T_{2,E})$ die maximal auftretende Temperaturdifferenz ist, und für die Effektivität des Wärmetragers

$$\varepsilon \equiv \frac{\dot{C}_1 \, (T_{1,E} - T_{1,A})}{\dot{C}_{min} \, (T_{1,E} - T_{2,E})} = \frac{\dot{C}_2 \, (T_{2,A} - T_{2,E})}{\dot{C}_{min} \, (T_{1,E} - T_{2,E})} \,. \tag{1.16}$$

Falls $\dot{C}_1$ der kleinere der beiden Wärmekapazitätsströme ist, folgt

$$\dot{C}_1 = \dot{C}_{min} : \quad \varepsilon = \frac{T_{1,E} - T_{1,A}}{T_{1,E} - T_{2,E}} = \frac{\dot{C}_{max}}{\dot{C}_{min}} \frac{T_{2,A} - T_{2,E}}{T_{1,E} - T_{2,E}} \,.$$

Des weiteren führt man eine die Übertragungsfähigkeit kennzeichnende dimensionslose Größe ein, die als "Anzahl der Übertragungseinheiten" (engl. "number of transfer units", NTU) bezeichnet wird und als

$$N_0 \equiv \frac{k\,A}{\dot{C}_{min}} \tag{1.17}$$

definiert ist. Analog dazu gilt auch

$$N_1 \equiv \frac{k\,A}{\dot{C}_1}$$

und

$$N_2 \equiv \frac{k\,A}{\dot{C}_2} \; .$$

Mit dem Verhältnis der beiden Wärmekapazitätsströme

$$C^* \equiv \frac{\dot{C}_{min}}{\dot{C}_{max}} \tag{1.18}$$

folgt der allgemein gültige Zusammenhang dieser dimensionslosen Kenngrößen

$$\varepsilon = f\left(N_0\,,\,C^*\,,\,\text{Stromführung}\right) \; .$$

Für die Ermittlung der Effektivität des Wärmeübertragers muß die Austrittstemperatur $T_{1,A}$ oder $T_{2,A}$ bekannt sein.

- **Berechnung der Austrittstemperaturen**

Mit den in Abb. 1.9 skizzierten lokalen Bilanzräumen erhält man für den Gegenströmer (der Gleichströmer ist analog zu behandeln) im stationären Fall unter Beachtung der Taylorreihenentwicklung bei Vernachlässigung der Terme ab 2. Ordnung

$$\dot{H}_{x+dx} = \dot{H}_x + \frac{\partial \dot{H}_x}{\partial x}\,dx + \dots \tag{1.19}$$

die beiden Bilanzgleichungen

$$- \frac{\mathrm{d}\dot{H}_1}{\mathrm{d}x} \, \mathrm{d}x - \mathrm{d}\dot{Q}_{12} = 0 \qquad\qquad (1.20)$$

$$+ \frac{\mathrm{d}\dot{H}_2}{\mathrm{d}x} \, \mathrm{d}x + \mathrm{d}\dot{Q}_{12} = 0 \qquad\qquad (1.21)$$

und daraus mit $\dot{H} = \dot{C}\,T$ und dem kinetischen Ansatz für $\dot{Q}_{12}$ (Gl. 1.13) die beiden Differentialgleichungen für den Temperaturverlauf der beiden Fluide

$$- \dot{C}_1 \, \frac{\mathrm{d}T_1}{\mathrm{d}x} - \frac{k\,A}{l}\,(T_1 - T_2) = 0 \qquad\qquad (1.22)$$

$$+ \dot{C}_2 \, \frac{\mathrm{d}T_2}{\mathrm{d}x} + \frac{k\,A}{l}\,(T_1 - T_2) = 0 \; . \qquad\qquad (1.23)$$

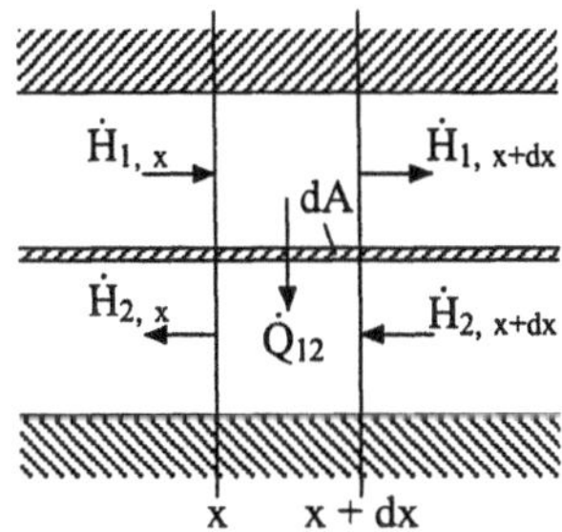

Abb. 1.9: Energiebilanz für Gegenstrom-Wärmeübertrager im stationären Fall

Normiert man die Temperaturen T_1 und T_2 mit der maximal auftretenden Temperaturdifferenz $(T_{1,E} - T_{2,E})$ entsprechend

$$\Theta_1 \equiv \frac{T_1 - T_{2,E}}{T_{1,E} - T_{2,E}} \quad ,$$

$$\Theta_2 \equiv \frac{T_2 - T_{2,E}}{T_{1,E} - T_{2,E}}$$

und die Koordinate x mit der Länge l des Apparates entsprechend

$$\xi \equiv \frac{x}{l} \; ,$$

dann erhält man schließlich die beiden Gleichungen

$$-\frac{d\Theta_1}{d\xi} = + N_1 \, (\Theta_1 - \Theta_2) \; , \tag{1.24}$$

$$+\frac{d\Theta_2}{d\xi} = - N_2 \, (\Theta_1 - \Theta_2) \; . \tag{1.25}$$

Wir wollen den Lösungsweg hier nur kurz skizzieren. Durch Addition der beiden Gleichungen und Trennung der Veränderlichen folgt

$$-\frac{d(\Theta_1 - \Theta_2)}{(\Theta_1 - \Theta_2)} = (N_1 - N_2) \, d\xi \tag{1.26}$$

und daraus durch Integration

$$-\ln(\Theta_1 - \Theta_2) = (N_1 - N_2)\xi + A \; . \tag{1.27}$$

Mit den Randbedingungen am "Eintritt" und "Austritt",

$$\xi = 0 : \; - \ln(1 - \Theta_{2,A}) = A$$
$$\xi = 1 : \; - \ln(\Theta_{1,A}) \quad\;\; = (N_1 - N_2) + A$$

können die Integrationskonstante A und damit schließlich die beiden Austrittstemperaturen $\Theta_{1,A}$ und $\Theta_{2,A}$ berechnet werden. Man erhält für die Austrittstemperatur des heißen Fluids

$$\Theta_{1,A} = \frac{\left(1 - \dfrac{\dot{C}_{min}}{\dot{C}_{max}}\right) \exp\left[-N_0 \left(1 - \dfrac{\dot{C}_{min}}{\dot{C}_{max}}\right)\right]}{1 - \dfrac{\dot{C}_{min}}{\dot{C}_{max}} \exp\left[-N_0 \left(1 - \dfrac{\dot{C}_{min}}{\dot{C}_{max}}\right)\right]} \tag{1.28}$$

und damit für die Austrittstemperatur des kälteren Fluids

$$\Theta_{2,A} = 1 - \Theta_{1,A} \, \exp\left[-N_0 \left(1 - \dfrac{\dot{C}_{min}}{\dot{C}_{max}}\right)\right] \; . \tag{1.29}$$

- **Effektivität**

Mit den Austrittstemperaturen erhält man für den *Gegenströmer*:

$$\varepsilon = \frac{1 - \exp\left[-N_0\left(1 - \dfrac{\dot{C}_{min}}{\dot{C}_{max}}\right)\right]}{1 - \dfrac{\dot{C}_{min}}{\dot{C}_{max}}\exp\left[-N_0\left(1 - \dfrac{\dot{C}_{min}}{\dot{C}_{max}}\right)\right]} \ . \tag{1.30}$$

Daraus folgen zwei interessante Grenzfälle, nämlich $\dot{C}_{min}/\dot{C}_{max} = 0$ und $\dot{C}_{min}/\dot{C}_{max} = 1$. Der erste Fall beschreibt näherungsweise einen wassergekühlten Gaskühler, z. B. einen Ladeluftkühler im Motorenbau und der zweite Fall näherungsweise den "inneren" Wärmeübertrager bei der regenerativen Gasturbine. Man erhält für diese beiden Grenzfälle

$$C^* \equiv \frac{\dot{C}_{min}}{\dot{C}_{max}} = 0 \ : \ \varepsilon = 1 - \exp\left(-N_0\right),$$

$$C^* \equiv \frac{\dot{C}_{min}}{\dot{C}_{max}} = 1 \ : \ \varepsilon = \frac{N_0}{1 + N_0} \ .$$

Der Verlauf von ε (N_0, C^*) bzw. $1 - \varepsilon$ ist in Abb. 1.10 dargestellt.

Für den *Gleichströmer* erhält man

$$\varepsilon = \frac{1 - \exp\left[-N_0\left(1 + \dfrac{\dot{C}_{min}}{\dot{C}_{max}}\right)\right]}{1 + \dfrac{\dot{C}_{min}}{\dot{C}_{max}}} \tag{1.31}$$

mit den beiden Grenzfällen

$$C^* = \frac{\dot{C}_{min}}{\dot{C}_{max}} = 0 \ : \ \varepsilon = 1 - \exp\left(-N_0\right) \quad ,$$

$$C^* = \frac{\dot{C}_{min}}{\dot{C}_{max}} = 1 \ : \ \varepsilon = \frac{1}{2}\left[1 - \exp\left(-2N_0\right)\right] \ .$$

Der Verlauf ε (N_0, C^*) ist in Abb. 1.11 dargestellt.

Bei *Kreuzstromwärmeübertragern* kann die analytische Lösung nicht in geschlossener Form angegeben werden. Für $C^* = 0$ gilt wieder wie für den Gleich- und Gegenströmer

$$C^* = \frac{\dot{C}_{min}}{\dot{C}_{max}} = 0 \quad : \quad \varepsilon = 1 - \exp\left(-N_0\right) \ .$$

Für den Fall, daß beide Ströme den Apparat nicht quervermischt durchströmen, ist der Verlauf $\varepsilon\,(N_0\,,C^*)$ für den Kreuzströmer in Abb. 1.12 dargestellt.

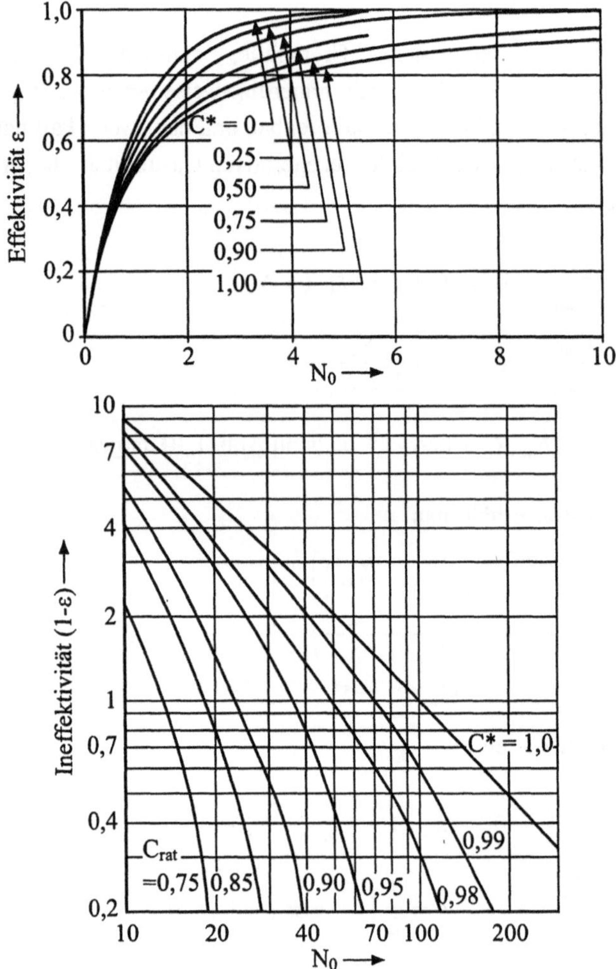

Abb. 1.10: Effektivität $\varepsilon\,(N_0,C^*)$ beim Gegenströmer

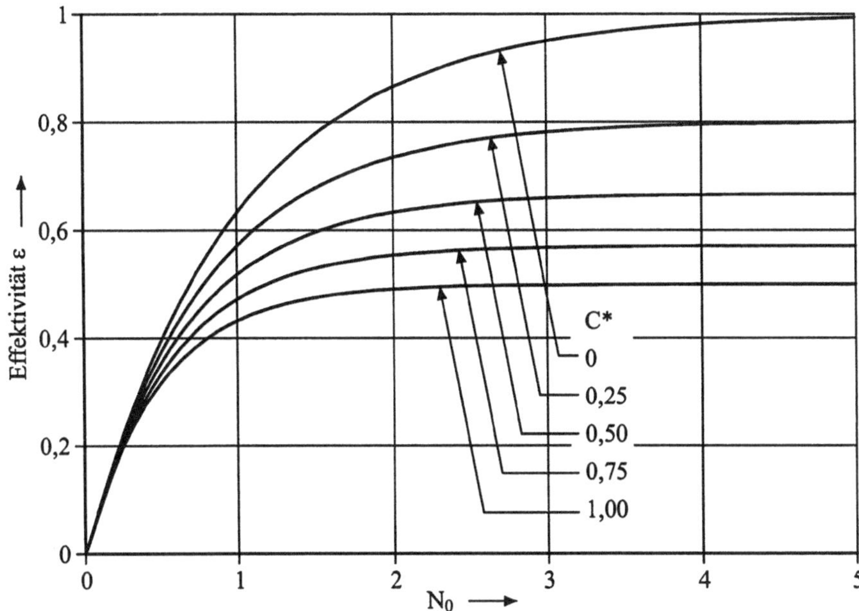

Abb. 1.11: Effektivität $\varepsilon\,(N_0, C^*)$ beim Gleichströmer

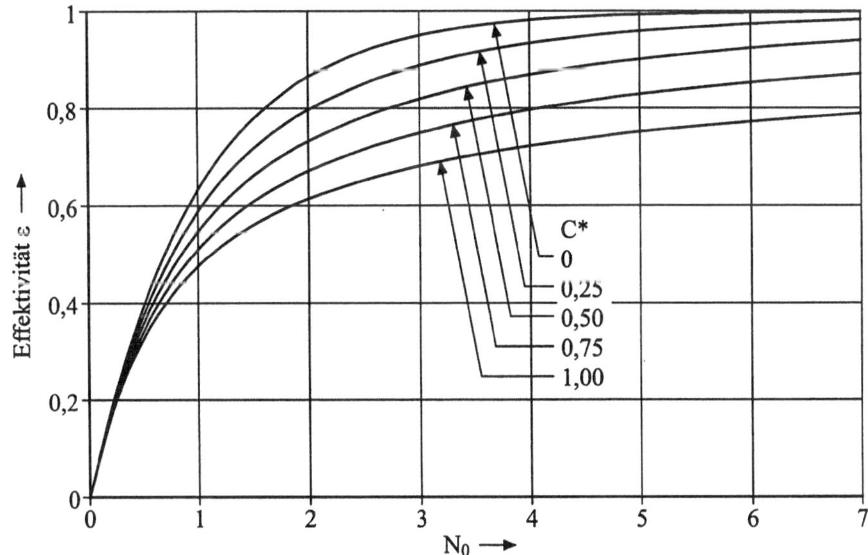

Abb. 1.12: Effektivität $\varepsilon\,(N_0, C^*)$ beim Kreuzströmer mit unvermischter Durchströmung

1.4.3 Regeneratoren

Bei Regeneratoren ist zwischen den umlaufenden und den mit Umschaltventilen versehenen Übertragern zu unterscheiden, siehe Abb. 1.13.

Beim Umlauftyp sorgt die Drehung des porösen Speichers für eine periodische Durchströmung der festen Masse (Speicher) durch den heißen und kalten Fluidstrom. Die Speichermasse wird dadurch wechselweise erwärmt und gekühlt, und die thermische Energie des heißen Fluids wird indirekt auf das kalte Fluid übertragen. Der mit Ventilen versehene Regenerator hat typischerweise zwei identische Speicher, die wechselweise durch periodisches Umschalten entweder erwärmt oder abgekühlt werden.

a) Umlauftypen

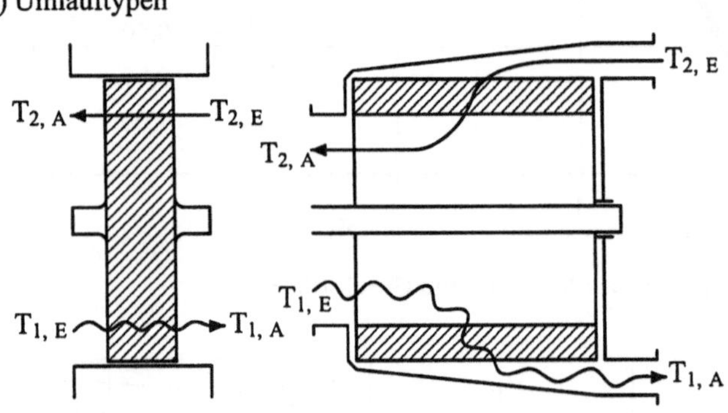

b) Umschalttyp

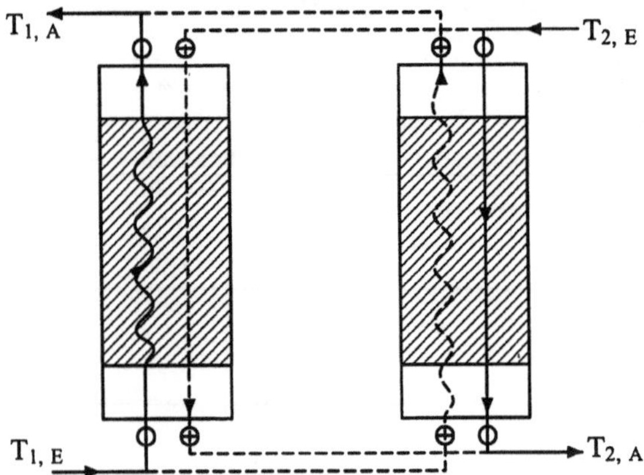

Abb. 1.13: Regenerator-Bauarten

Da sich die Speichermasse mit der Zeit aufwärmt bzw. abkühlt, sind die Austrittstemperaturen des heißen und kalten Fluids nicht konstant, sondern zeitabhängig. Die Berechnung dieser zeitlich veränderlichen Austrittstemperaturen ist hierbei wesentlich komplexer als beim Rekuperator, weil zusätzlich die instationäre Wärmeleitung in der Speichermasse berücksichtigt werden muß.

Die Effektivität von rotierenden Regeneratoren wird durch die Abhängigkeit

$$\varepsilon = f\left(N_0^*, \frac{\dot{C}_{min}}{\dot{C}_{max}}, \frac{\dot{C}_r}{\dot{C}_{min}} \right) \tag{1.32}$$

beschrieben, wobei N_0^* durch die modifizierte Kenngröße

$$N_0^* \equiv \frac{1}{\dot{C}_{min}} \left[\frac{1}{\left(\dfrac{1}{\alpha\,A}\right)_1 + \left(\dfrac{1}{\alpha\,A}\right)_2} \right] \tag{1.33}$$

definiert ist. Ferner tritt hier mit $\dot{C}_r/\dot{C}_{min}$ eine weitere Kenngröße, nämlich das Verhältnis des "Wärmekapazitätsstroms des Speichers"

$$\dot{C}_r = n\,m_s\,c_s \tag{1.34}$$

zum kleineren Wärmekapazitätsstrom der beiden Fluide auf, wobei n die Drehzahl des Regenerators bedeutet.

Der Verlauf der Effektivität in Abhängigkeit von N_0^* ist in Abb. 1.14 für $\dot{C}_{min}/\dot{C}_{max} = 1$ und verschiedene $\dot{C}_r/\dot{C}_{min}$ dargestellt.

Die angegebenen Kurven gelten strenggenommen nur für

$$(\alpha\,A)^* \equiv \frac{(\alpha\,A)\ \text{auf der}\ \dot{C}_{min} - \text{Seite}}{(\alpha\,A)\ \text{auf der}\ \dot{C}_{max} - \text{Seite}} = 1\ . \tag{1.35}$$

Im Bereich

$$\frac{1}{4} \leq (\alpha\ A)^* \leq 4$$

ist der maximal auftretende Fehler jedoch kleiner als 2%.

Der Einfluß der Speicherdrehzahl kann für $\varepsilon \leq 90\%$ näherungsweise durch die einfache empirische Beziehung

$$\varepsilon_{\text{Regenerator}} = \varepsilon_{\text{Gegenstrom-Rekuperator}} \left[1 - \frac{1}{9 \left(\dfrac{\dot{C}_r}{\dot{C}_{min}} \right)^{1,93}} \right] \tag{1.36}$$

beschrieben werden.

Für weitere Details wird auf Kays und London (1973) und auf Martin (1988) verwiesen.

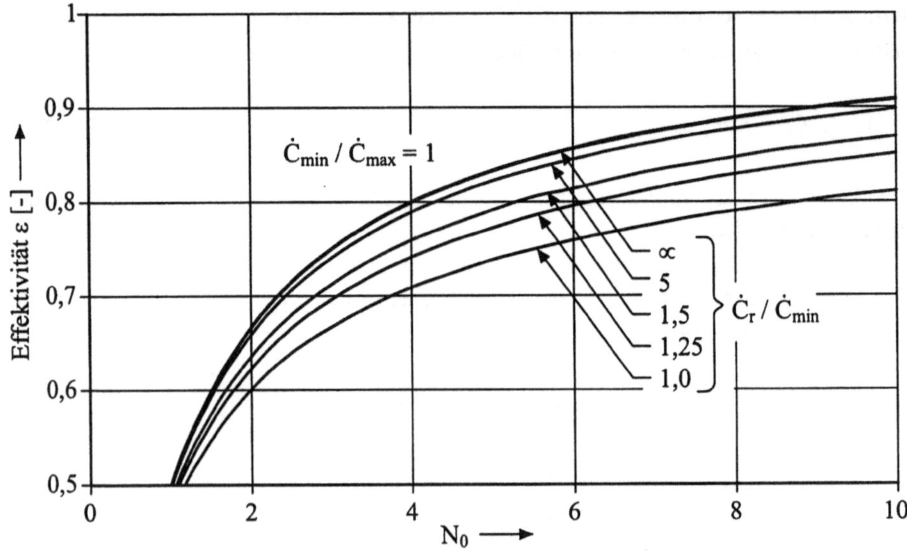

Abb. 1.14: Effektivität des rotierenden Regenerators

2 Wärmeleitung

In diesem Kapitel wird zunächst die für das Temperaturfeld bei der Wärmeleitung in ruhenden Medien (meist Festkörper) maßgebende Fouriersche Differentialgleichung hergeleitet. Darauf aufbauend werden im zweiten und dritten Teil dieses Kapitels Lösungsansätze der zeitlich unabhängigen (*stationären*) und zeitlich abhängigen (*instationären*) Wärmeleitung behandelt.

2.1 Fourier-Gleichung

Wir denken uns aus einem Körper großer Ausdehnung senkrecht zu einer angenommenen x-Richtung eine Scheibe der Dicke $\mathrm{d}x$ herausgeschnitten, siehe Abb. 2.1.

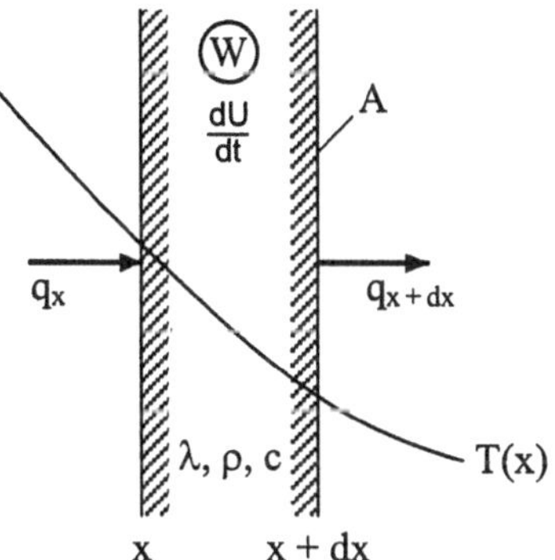

Abb. 2.1: Bilanzierung eines Scheibenvolumenelementes zur Ableitung der Fourier-Gleichung

Der erste Hauptsatz der Thermodynamik liefert die Bilanzgleichung für das Scheibenvolumen

$$\frac{\partial}{\partial t} (A \, \mathrm{d}x \, \rho \, c \, T) = A \, (q_x - q_{x+dx}) + A \, \mathrm{d}x \, W \, , \tag{2.1}$$

wenn mit W die Leistungsdichte [W / m^3] einer inneren Wärmequelle bezeichnet wird. Mit der Taylorreihenentwicklung unter Vernachlässigung der Therme ab der zweiten Ordnung

$$q_{x+dx} = q_x + \frac{\partial q_x}{\partial x}\, dx + \dots \tag{2.2}$$

und dem Fourierschen Wärmeleitungsansatz

$$q_x = -\lambda\, \frac{\partial T}{\partial x} \tag{2.3}$$

folgt daraus für konstante Stoffwerte

$$\rho\, c\, \frac{\partial T}{\partial t} = \lambda\, \frac{\partial^2 T}{\partial x^2} + W \ .$$

Mit der *Temperaturleitfähigkeit*

$$a \equiv \frac{\lambda}{\rho\, c} \qquad \left[\frac{\mathrm{m}^2}{\mathrm{s}} \right] \tag{2.4}$$

erhält man daraus die Fourier-Gleichung für den eindimensionalen Fall

$$\boxed{\ \frac{\partial T}{\partial t} = a\, \frac{\partial^2 T}{\partial x^2} + \frac{W}{\rho\, c}\ } \tag{2.5}$$

und bei Hinzunahme der Wärmeströme in y- und z-Richtung schließlich diejenige für den dreidimensionalen Fall

$$\boxed{\ \frac{\partial T}{\partial t} = a\, \nabla^2 T + \frac{W}{\rho\, c}\ }, \tag{2.6}$$

wobei

$$\Delta T = \nabla^2 T = \frac{\partial^2 T}{\partial x^2} + \frac{\partial^2 T}{\partial y^2} + \frac{\partial^2 T}{\partial z^2}$$

der Laplace-Operator bzw. der Nabla-Operator zum Quadrat ist.

Zur Lösung der Fourier-Differentialgleichung benötigt man Anfangs- und Randbedingungen.

- Anfangsbedingung:
  Darunter versteht man die Vorgabe einer Temperaturverteilung im Körper zum Zeitpunkt $t = 0$, z. B.

$$t = 0 \quad : \quad \begin{cases} T_0 = T_0\,(x,y,z) & \text{allgemein} \\ T_0 = konst. & \text{einfachster Fall}. \end{cases}$$

- Randbedingung 1. Art:
  Dabei ist die Temperatur auf der Oberfläche, d. h. auf den Wänden (Index W) des Körpers gegeben:

$$x = x_W \quad : \quad \begin{cases} T_W = T_W\,(t) & \text{allgemein} \\ T_W = T_{W,0}\,\cos\,(\omega\,t) & \text{speziell} \\ T_W = konst. & \text{einfachster Fall}. \end{cases}$$

- Randbedingung 2. Art:
  Hierbei ist die Wärmestromdichte an der Wand gegeben:

$$x = x_W \quad : \quad \begin{cases} q_W = q_W\,(t) & \text{allgemein} \\ q_W = konst. & \text{einfachster Fall}. \end{cases}$$

- Randbedingung 3. Art:
  Häufig findet zwischen dem betrachteten Körper und einem ihn umgebenden Fluid Wärmeübertragung statt. Dann wird der konvektive Wärmeübergang an der Wand durch das sog. Newtonsche Abkühlungsgesetz

$$x = x_W \quad : \quad q_W = \alpha\,(T_W - T_\infty)$$

beschrieben.

Der Wärmeübergangskoeffizient α ist kein Stoffwert wie etwa die Wärmeleitfähigkeit λ, sondern hängt in komplizierter Weise von den Strömungsbedingungen und dem Zustand des Fluids ab. Es ist die zentrale Aufgabe der "konvektiven Wärmeübertragung", Beziehungen für den Wärmeübergangskoeffizienten anzugeben. Hierauf kommen wir in Kapitel 3 und 4 ausführlich zurück.

2.2 Stationäre, eindimensionale Wärmeleitung

Für die eindimensionale Wärmeleitung in einem isotropen Körper ohne Wärmequellen, dessen Temperaturverteilung nicht von der Zeit abhängt, gilt die Differentialgleichung

$$\frac{\partial}{\partial x}\left(\lambda \, \frac{\partial T}{\partial x}\right) = 0 , \tag{2.7}$$

woraus bei temperaturunabhängiger Wärmeleitfähigkeit λ die Potentialgleichung

$$\frac{\partial^2 T}{\partial x^2} = 0 \tag{2.8}$$

folgt, d. h., die Temperaturverteilung ist von den Stoffwerten des Körpers völlig unabhängig und ausschließlich durch die Randbedingungen festgelegt.

2.2.1 Péclet-Gleichung

In Abb. 2.2 ist der Wärmedurchgang durch eine ebene Wand zwischen zwei Fluiden mit den Temperaturen T_i und T_a und den konvektiven Wärmeübergangskoeffizienten α_i und α_a schematisch dargestellt. Bezeichnet man die beiden Wandtemperaturen mit T_1 und T_2, dann gilt für den stationären Wärmestrom durch die Wand

$$\dot{Q} = \alpha_i \, A \, (T_i - T_1) = \lambda \, \frac{A}{s} \, (T_1 - T_2) = \alpha_a \, A \, (T_2 - T_a) .$$

Aus diesen drei Gleichungen können die beiden Wandtemperaturen T_1 und T_2 durch Umstellung und Addition der Gleichungen

$$\frac{\dot{Q}}{\alpha_i\,A} = T_i - T_1,$$

$$\frac{\dot{Q}}{\lambda\,\dfrac{A}{s}} = T_1 - T_2,$$

$$\frac{\dot{Q}}{\alpha_a\,A} = T_2 - T_a,$$

einfach eliminiert werden und man erhält die Péclet-Gleichung für die ebene Wand

$$\dot{Q} = \frac{T_i - T_a}{\dfrac{1}{\alpha_i\,A} + \dfrac{s}{\lambda\,A} + \dfrac{1}{\alpha_a\,A}}. \tag{2.9}$$

Mit der Definition des *Wärmedurchgangskoeffizienten* analog dem Wärme*übergangs*-koeffizienten bei reiner Konvektion

$$\dot{Q} = k\,A\,(T_i - T_a) \tag{2.10}$$

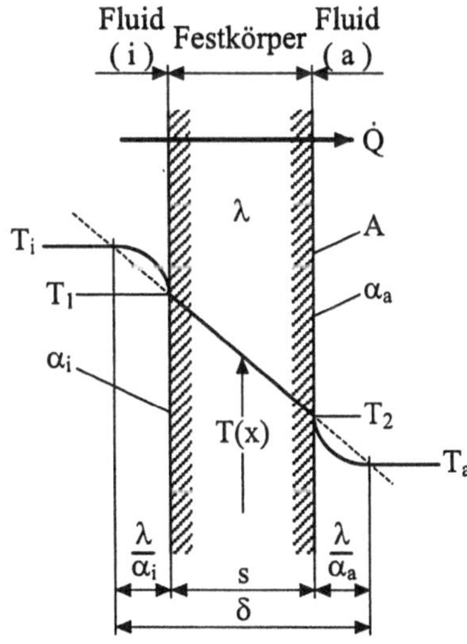

Abb. 2.2: Zur Ableitung der Péclet-Gleichung

folgt damit für die ebene Platte

$$\frac{1}{k\,A} = \frac{1}{\alpha_i\,A} + \frac{s}{\lambda\,A} + \frac{1}{\alpha_a\,A} \; . \tag{2.11}$$

Die einzelnen Terme haben die Dimension K / W und können in Analogie zur Elektrotechnik als *thermische Widerstände* interpretiert werden. Multipliziert man die obige Gleichung mit $(\lambda\,A)$, so kann eine fiktive Wanddicke (Ersatzdicke) δ entsprechend

$$\boxed{\delta = s + \frac{\lambda}{\alpha_i} + \frac{\lambda}{\alpha_a} = \frac{\lambda}{k}} \tag{2.12}$$

definiert werden (Abb. 2.2). Besteht die ebene Wand aus mehreren Schichten, dann gilt entsprechend

$$\frac{1}{k\,A} = \frac{1}{\alpha_i\,A} + \frac{1}{A}\sum_i \frac{s_i}{\lambda_i} + \frac{1}{\alpha_a\,A} \; . \tag{2.13}$$

Bei der ebenen Wand fällt die Fläche A selbstverständlich aus den obigen Beziehungen heraus, trotzdem ist es zweckmäßig, sie formal mitzunehmen. Die oben angegebene Laplace-Gleichung (2.8) läßt sich auch in der Form

$$\frac{\mathrm{d}^2 T}{\mathrm{d}r^2} + \frac{n}{r}\frac{\mathrm{d}T}{\mathrm{d}r} = 0 \tag{2.14}$$

schreiben, mit $n = 0$ für die ebene Platte (kartesische Koordinaten), $n = 1$ für den Zylinder (Zylinderkoordinaten) und $n = 2$ für die Kugel (Polarkoordinaten). Mit der Randbedingung 1. Art, nämlich

$$r = r_1 \; : \; T = T_1$$
$$r = r_2 \; : \; T = T_2$$

erhält man damit für den Temperaturverlauf

$$\frac{T - T_2}{T_1 - T_2} = \frac{r_2 - r}{r_2 - r_1} \qquad \text{(Platte)}, \qquad (2.15)$$

$$\frac{T - T_2}{T_1 - T_2} = \frac{\ln \dfrac{r_2}{r}}{\ln \dfrac{r_2}{r_1}} \qquad \text{(Zylinderschale)}, \qquad (2.16)$$

$$\frac{T - T_2}{T_1 - T_2} = \frac{\dfrac{1}{r} - \dfrac{1}{r_2}}{\dfrac{1}{r_1} - \dfrac{1}{r_2}} \qquad \text{(Kugelschale)} \qquad (2.17)$$

und für den Wärmestrom

$$\dot{Q} = \lambda \, A \, \frac{T_1 - T_2}{r_2 - r_1} \qquad \text{(Platte)}, \qquad (2.18)$$

$$\dot{Q} = \frac{2 \pi \lambda \, l \, (T_1 - T_2)}{\ln \left(\dfrac{r_2}{r_1} \right)} \qquad \text{(Zylinderschale)}, \qquad (2.19)$$

$$\dot{Q} = \frac{4 \pi \lambda \, (T_1 - T_2)}{\dfrac{1}{r_1} - \dfrac{1}{r_2}} \qquad \text{(Kugelschale)}. \qquad (2.20)$$

Die Oberfläche einer Kugel mit dem Radius r_i gibt in einem unendlich ausgedehnten Medium ($r_2 \to \infty$) demnach durch Wärmeleitung den Wärmestrom

$$\dot{Q} = 4 \pi \lambda \, r_1 \, (T_1 - T_\infty)$$

ab. Tritt an den körperbegrenzenden Flächen mit $r = r_i$ und $r = r_a$ Konvektion auf und besteht der Körper im allgemeinen Fall aus n Schichten unterschiedlicher Wärmeleitfähigkeit, dann lautet die Péclet-Gleichung für die Zylinderschale

$$\dot{Q} = \frac{2\pi\, l\, (T_i - T_a)}{\dfrac{1}{\alpha_i\, r_i} + \displaystyle\sum_{j=1}^{n}\left(\dfrac{1}{\lambda}\ln\dfrac{r_2}{r_1}\right)_j + \dfrac{1}{\alpha_a\, r_a}} \qquad\qquad (2.21)$$

und für die Kugelschale

$$\dot{Q} = \frac{4\pi\, (T_i - T_a)}{\dfrac{1}{\alpha_i\, r_i^2} + \displaystyle\sum_{j=1}^{n}\left(\dfrac{1}{\lambda}\left(\dfrac{1}{r_1} - \dfrac{1}{r_2}\right)\right)_j + \dfrac{1}{\alpha_a\, r_a^2}} \;. \qquad\qquad (2.22)$$

Für die Zylinder- und Kugelschale ergibt sich daraus ein interessanter Aspekt in Hinblick auf Isolierungen. Eine auf einen Zylinder oder eine Kugel aufgebrachte Schicht der Dicke $s = r_a - r_i$ kann den Wärmestrom auch erhöhen, weil mit der Schicht zwar ein Wärmewiderstand erzeugt, aber auch die wärmeabgebende Fläche vergrößert wird. Bei Vernachlässigung des konvektiven Wärmewiderstandes auf der Innenseite ($1/\alpha_i = 0$) erhält man für den Zylinder mit $r_a = r_i + s$

$$\dot{Q} = \frac{2\pi\lambda\, l\, (T_i - T_a)}{\ln\left(\dfrac{r_a}{r_i}\right) + \dfrac{\lambda}{\alpha_a\, r_a}} \;. \qquad\qquad (2.23)$$

Differenziert man $\dot{Q}$ nach r_a, so ist die Ableitung positiv für

$$\frac{\alpha_a\, r_a}{\lambda} < 1 \;.$$

Eine aufgebrachte "Isolierschicht" erhöht also den Wärmestrom (Wärmeverlust), solange $r_i < r_a < \lambda/\alpha_a$ ist. Damit folgt die Bedingung für die Isolierwirkung: Eine aufgebrachte Isolierschicht reduziert den Wärmeverlust nur dann, wenn die Bedingung

$$r_a > \frac{\lambda}{\alpha_a} \qquad \text{bzw.} \quad \lambda < r_a \, \alpha_a \qquad \text{(Zylinder)}$$

$$r_a > 2 \, \frac{\lambda}{\alpha_a} \qquad \text{bzw.} \quad \lambda < \frac{1}{2} \, r_a \, \alpha_a \qquad \text{(Kugel)}$$

erfüllt ist. Dieses Ergebnis ist in Abb. 2.3 für die Zylinderschale veranschaulicht, wobei entsprechend

$$\dot{Q}^* = \frac{\dot{Q}}{2\,\pi\,\lambda\,l\,(T_i - T_a)} = \frac{1}{\ln\left(1 + \dfrac{s}{r_i}\right) + \dfrac{1}{\underbrace{\dfrac{\alpha_a\,r_i}{\lambda}}_{B}\left(1 + \dfrac{s}{r_i}\right)}} \tag{2.24}$$

die Funktion

$$\dot{Q}^* = f\left(\frac{s}{r_i},\, B\right)$$

bezogen auf $\dot{Q}_0^*$ bei fehlender Isolierung mit $B = \alpha_a\, r_i / \lambda$ aufgetragen ist.

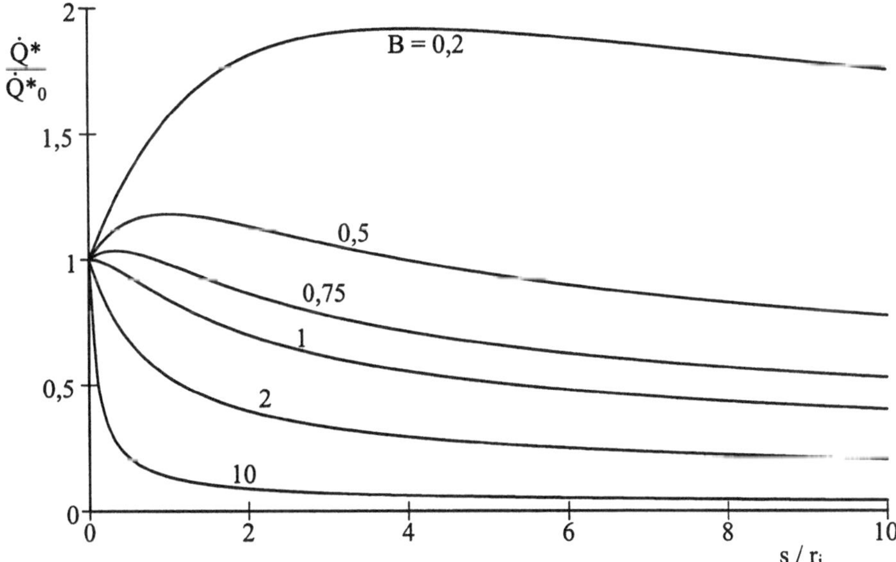

Abb. 2.3: Isolierung von Rohrleitungen

2.2.2 Quasistationäre Wärmeleitung

Häufig verlaufen Temperaturänderungen so langsam, daß man die "Speicherwirkung" vernachlässigen und das Temperaturfeld zu jedem Zeitpunkt als stationär und den gesamten Vorgang damit als quasistationär annehmen kann. Mit den oben abgeleiteten Beziehungen lassen sich damit einige wichtige Anwendungsfälle behandeln.

- *Wärmeverlust isolierter Rohre*
  Bei isolierten Rohren kann man fast immer $\alpha_i \gg \alpha_a$ annehmen. Des weiteren ist in der Regel der thermische Widerstand der Isolierung wesentlich größer als der der Rohrleitung. Damit erhält man für den auf die Rohrlänge l bezogenen Wärmeverlust wieder Gleichung 2.23

$$\dot{Q}_l = \frac{\dot{Q}}{l} = \frac{2\,\pi\,\lambda\,(T_i - T_a)}{\ln\left(\dfrac{r_a}{r_i}\right) + \dfrac{\lambda}{r_a\,\alpha_a}} \; .$$

Die Bedingung $r_a\,\alpha_a/\lambda > 1$ ist in praktischen Fällen in der Regel erfüllt, siehe auch Abb. 2.3. Der Einfluß von α_a ist meist gering, so daß eine Schätzung

$$7 \text{ (Windstille)} < \alpha_a \left[\frac{\text{W}}{\text{m}^2\,\text{K}}\right] < 30 \text{ (starker Wind)}$$

vollkommen ausreichend ist, wenn auch die Näherungslösungen der freien und der erzwungenen Konvektion genauere Anhaltswerte liefern können.

- *Temperaturabfall in Rohrleitungen*
  Die Wärmebilanz für ein Fluidelement der Länge dx liefert mit $T_i = T(x)$ und $T_a = T_\infty$

$$- \dot{m}\,c_p\,\frac{dT}{dx} = \frac{2\,\pi\,\lambda\,(T - T_\infty)}{\ln\left(\dfrac{r_a}{r_i}\right) + \dfrac{\lambda}{r_a\,\alpha_a}} \; . \tag{2.25}$$

Mit den Randbedingungen

$$x = 0 : T = T_1$$
$$x = l \; : T = T_2$$

erhält man daraus durch Integration

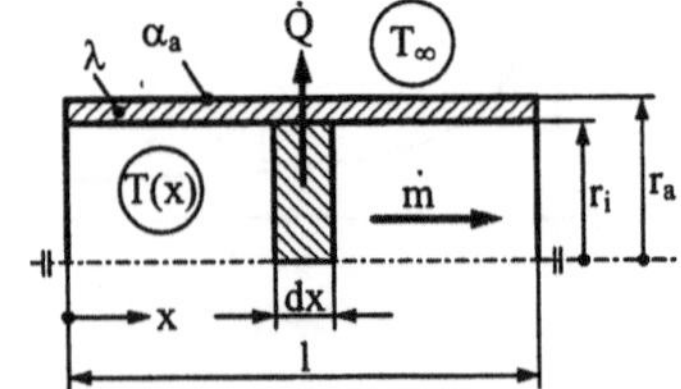

$$\ln\left(\frac{T_2 - T_\infty}{T_1 - T_\infty}\right) = -\frac{(\dot{Q}_l)_0\, l}{\dot{m}\, c_p\, (T_1 - T_\infty)} \qquad (2.26)$$

mit dem radial am Eintrittsquerschnitt pro Längeneinheit durchgehenden Wärmestrom

$$(\dot{Q}_l)_0 = \frac{2\pi\lambda\,(T_1 - T_\infty)}{\ln\left(\dfrac{r_a}{r_i}\right) + \dfrac{\lambda}{r_a\,\alpha_a}} \cdot$$

Falls $(T_1 - T_2) \ll (T_1 - T_\infty)$ gilt, so kann mit

$$\ln\left(\frac{T_2 - T_\infty}{T_1 - T_\infty}\right) = \ln\left(\frac{T_1 - T_\infty + T_2 - T_1}{T_1 - T_\infty}\right) \approx -\frac{T_1 - T_2}{T_1 - T_\infty}$$

die obige Beziehung linearisiert werden und man erhält

$$T_1 - T_2 = \frac{(\dot{Q}_l)_0\, l}{\dot{m}\, c_p} \cdot \qquad (2.27)$$

- *Abkühlung von Behältern*
  Hat der Behälterinhalt eine einheitliche Temperatur T (Rührkessel) und kann die Wärmespeicherung in der Behälterwand und auch in der Isolierung des Behälters vernachlässigt werden, so lautet die Wärmebilanz für ein Zeitelement:

$$-m\, c_p\, \frac{\mathrm{d}T}{\mathrm{d}t} = \dot{Q} = k\, A\, (T - T_\infty) \,. \qquad (2.28)$$

Für Behälter, bei denen die Wände näherungsweise als geschichtete, ebene Platten betrachtet werden können, kann zur Bestimmung des Wärmestroms $\dot{Q}$ hier auf die Definition des Wärmedurchgangskoeffizienten k (siehe Gleichung 2.13) zurückgegriffen werden, ansonsten ist die Péclet-Gleichung für Zylinder- bzw. Kugelschalen (Gl. 2.21-2.22) anzuwenden.

Mit der Anfangsbedingung $T = T_0$ für $t = 0$ folgt dann

$$\ln\left(\frac{T - T_\infty}{T_0 - T_\infty}\right) = -\frac{k\,A\,t}{m\,c_p} = -\frac{t}{\tau} \qquad\qquad (2.29)$$

wobei

$$\tau = \frac{m\,c_p}{k\,A} \qquad\qquad (2.30)$$

die Relaxationszeit bedeutet. Für $(T_0 - T) \ll (T_0 - T_\infty)$ führt die Linearisierung auf

$$\frac{T_0 - T}{T_0 - T_\infty} = \frac{t}{\tau} \; . \qquad\qquad (2.31)$$

2.2.3 Vergrößerte Oberflächen

Für den von einer Wand an ein Fluid abgegebenen Wärmestrom gilt die Beziehung

$$\dot{Q} = \alpha\,A\,(T_W - T_\infty) \; .$$

Will man den Wärmestrom erhöhen (z. B. Verbesserung der Kühlung des Zylinders von Motorradmotoren), so kann der Wärmeübergangskoeffizient α durch Erhöhung der Strömungsgeschwindigkeit (Fahrgeschwindigkeit) vergrößert werden, allerdings nur in relativ engen Grenzen. Die Höhe der Wandtemperatur wird meist durch den Werkstoff begrenzt. Damit bleibt zur Erhöhung von $\dot{Q}$ noch die Fläche A, die durch Rippen vergrößert werden kann.

Wir betrachten die in Abb. 2.4 dargestellte Rippe der Länge l mit dem Umfang U und der Querschnittsfläche A.

Auf der gesamten Rippenoberfläche herrsche der Wärmeübergangskoeffizient α. Der Temperaturverlauf längs der Rippe kann mit der Annahme berechnet werden, daß die Abnahme des Wärmestroms in x-Richtung gleich dem am Umfang U abgegebenen Wärmestrom sein muß. Quer zur x-Richtung sei die Temperatur konstant. Damit erhält man die Wärmebilanz für eine Rippenscheibe der Dicke dx

$$\dot{Q}_x - \dot{Q}_{x+dx} = \alpha\,U\,dx\left[T(x) - T_\infty\right] \; . \qquad\qquad (2.32)$$

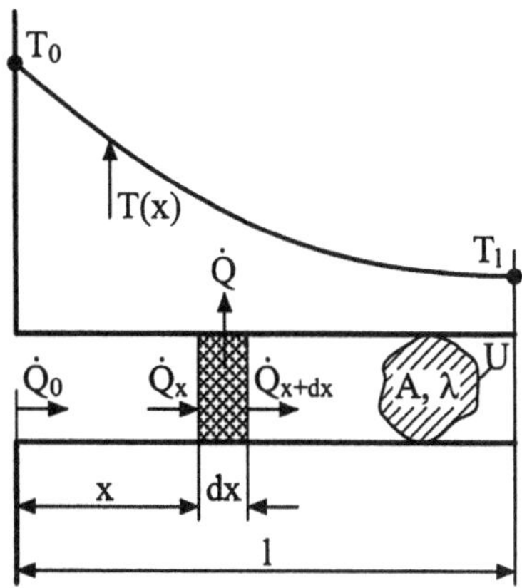

Abb. 2.4: Wärmebilanz für die Rippe

Mit der Taylor-Entwicklung nach Gl. 2.2

$$\dot{Q}_{x+dx} = \dot{Q}_x + \frac{d\dot{Q}_x}{dx}\,dx$$

und dem Wärmeleitungsansatz nach Gl. 2.3

$$\dot{Q}_x = -\lambda\,A\,\frac{dT}{dx}$$

folgt die Differentialgleichung

$$\frac{d^2 T}{dx^2} = \frac{\alpha\,U}{\lambda\,A}\,(T - T_\infty) = m^2\,(T - T_\infty) \tag{2.33}$$

mit dem "Rippenparameter"

$$m = \sqrt{\frac{\alpha\,U}{\lambda\,A}} \qquad \text{(Dimension: m}^{-1}\text{)}. \tag{2.34}$$

Diese Differentialgleichung hat die allgemeine Lösung

$$T - T_\infty = C_1 \, \exp\,(m\,x) + C_2 \, \exp\,(-\,m\,x)\,.$$

Die Konstanten C_1 und C_2 müssen mit den Randbedingungen an den Stellen $x = 0$ und $x = l$ bestimmt werden, für die gelten:

$$x = 0 \; : \; T = T_0 \quad,$$

$$x = l \; : \; \frac{\mathrm{d}T}{\mathrm{d}x} = 0 \;.$$

Die Randbedingung an der Stelle l ist meist eine gute Näherung, weil die Stirnfläche A der Rippe klein ist gegen ihre Oberfläche Ul und der über die Stirnfläche abgegebene Wärmestrom deshalb vernachlässigbar ist.

Mit den Randbedingungen erhält man aus der allgemeinen Lösung den Temperaturverlauf in der Rippe

$$\frac{T - T_\infty}{T_0 - T_\infty} = \frac{\exp\left[m\,(l - x)\right] + \exp\left[-\,m\,(l - x)\right]}{\exp\,(ml) + \exp\,(-ml)} \;. \tag{2.35}$$

Unter Beachtung der Definition für die Cosinus-hyperbolicus-Funktion

$$\cosh\,(y) = \frac{1}{2}\left(\exp\,(y) + \exp\,(-\,y)\right) \tag{2.36}$$

folgt daraus

$$\boxed{\frac{T - T_\infty}{T_0 - T_\infty} = \frac{\cosh\left[ml\left(1 - \dfrac{x}{l}\right)\right]}{\cosh\,(ml)}}\;. \tag{2.37}$$

Die Übertemperatur an der Stirnfläche der Rippe, $x = l$, ergibt sich damit zu

$$T_l - T_\infty = \frac{T_0 - T_\infty}{\cosh\,(ml)} \tag{2.38}$$

und für den gesuchten Wärmestrom an der Stelle $x = 0$ erhält man mit

$$\dot{Q}_0 = -\lambda A \left(\frac{dT}{dx}\right)_{x=0}$$

die Beziehung

$$\dot{Q}_0 = m \lambda A (T_0 - T_\infty) \tanh(ml) \quad . \tag{2.39}$$

Der Temperaturverlauf $(T - T_\infty)/(T_0 - T_\infty)$ ist in Abb. 2.5 über x/l mit ml als Parameter aufgetragen.

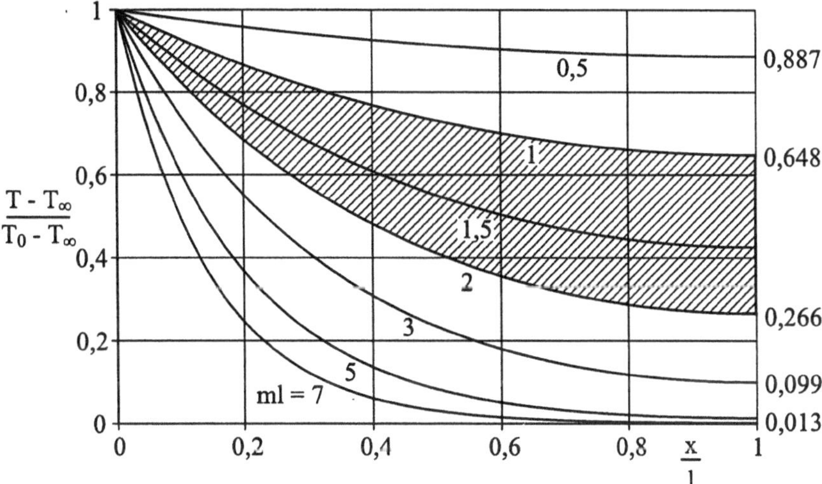

Abb. 2.5: Temperatur in der Rippe

Man erkennt, daß der technisch sinnvolle Bereich zwischen $ml = 1$ und 2 liegt. Die Rippe mit $ml = 0,5$ ist zu kurz, Rippen mit $ml = 3$ und größer sind zu lang. Der Wärmestrom $\dot{Q}_0$ bei $x = 0$ kann mit dem durch die Fläche A fließenden Wärmestrom ohne Rippe

$$\dot{Q}_0' = \alpha A (T_0 - T_\infty)$$

verglichen werden. Man erhält damit einen Rippen-Gütegrad bzw. eine Effektivität

$$\varepsilon_1 \equiv \frac{\dot{Q}_0}{\dot{Q}_0'} = \sqrt{\frac{\lambda\ U}{\alpha\ A}}\ \tanh\ (ml)$$

und daraus durch Umformung

$$\boxed{\ \varepsilon_1 = \frac{\lambda}{\alpha\ l}\ (ml)\ \tanh\ (ml)\ }\ . \qquad (2.40)$$

Für die *unendlich lange Rippe* folgt mit der Randbedingung $T = T_\infty$ für $x \to \infty$ aus der allgemeinen Lösung für die Temperaturverteilung (2.37)

$$\frac{T - T_\infty}{T_0 - T_\infty} = \exp\left[-ml\left(\frac{x}{l}\right)\right] \qquad (2.41)$$

und daraus für den Wärmestrom bei $x = 0$

$$(\dot{Q}_0)_\infty = m\ \lambda\ A\ (T_0 - T_\infty)\ . \qquad (2.42)$$

Damit kann der Rippen-Gütegrad

$$\boxed{\ \varepsilon_2 \equiv \frac{\dot{Q}_0}{(\dot{Q}_0)_\infty} = \tanh\ (ml)\ } \qquad (2.43)$$

definiert werden, der den Einfluß der endlichen Länge der Rippe beurteilt. Aus den in Abb. 2.6 dargestellten Hyperbelfunktionen wird deutlich, daß die optimale Rippenlänge im Bereich $0{,}9 < ml < 2$ liegt. Für $ml < 0{,}9$ ergeben sich aufgrund der zu geringen Länge unwirtschaftliche Rippen-Gütegrade, für $ml > 2$ sind bei weiterer Vergrößerung der Rippenlänge nur noch geringe Gütegrad-Steigerungen möglich.

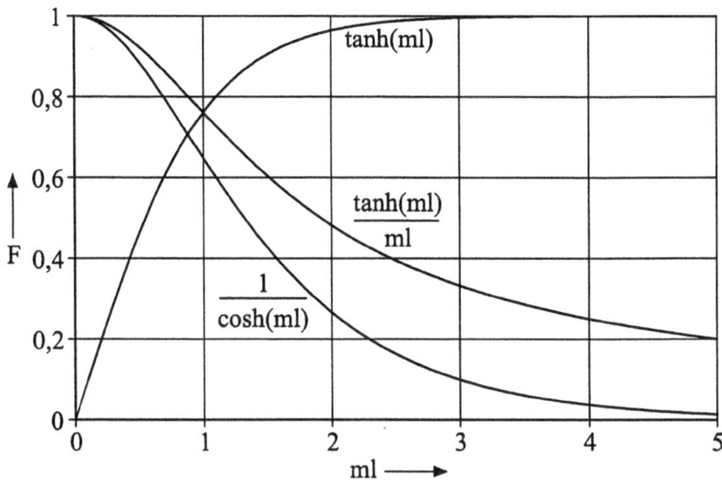

Abb. 2.6: Hyperbelfunktion

Die zweckmäßige Auslegung einer vergrößerten Oberfläche ist ein Optimierungspro-
blem. Hält man das Volumen der Rippe konstant, so sind die Querschnittsfläche und
die Länge die zu optimierenden Parameter. Dabei sind zwei Varianten von besonderem
technischen Interesse:

- Bleibt die Querschnitttsform bei Variation von A ähnlich, dann folgt die Relation

$$U = C \sqrt{A} \ . \tag{2.44}$$

Für diesen Fall läßt sich anhand Gl. 2.39 nachweisen, daß der Wärmestrom $\dot{Q}_0$ mit
$ml = 0{,}919$ maximal wird.

- Hält man bei Rechteckrippen die Breite b fest, dann sind die Rippendicke d und
die Rippenlänge l die Optimierungsparameter. Mit der Annahme $b/d \gg 1$ folgt
$U = 2\,b$. Mit $A = b\,d$ erhält man damit für den gesuchten Wärmestrom an der
Stelle $x = 0$

$$\dot{Q}_0 = \sqrt{\frac{2\,b\,V\,\alpha\,\lambda}{l}} \ (T_0 - T_\infty)\ \tanh \sqrt{\frac{2\,\alpha\,b\,l^3}{\lambda\,V}} \ . \tag{2.45}$$

Die Extremumsbedingung

$$\frac{d\,\dot{Q}_0}{d\,l} = 0$$

führt auf die Bestimmungsgleichung

$$\tanh\,(ml) = \frac{3\,ml}{\cosh^2\,(ml)} \tag{2.46}$$

für die Länge der Rippe. Die Lösung

$$ml = \sqrt{\frac{2\,\alpha}{\lambda\,d}}\ l = 1{,}419 \tag{2.47}$$

stimmt sehr gut mit den bereits weiter oben getroffenen Abschätzungen überein.

Die mehrdimensionale stationäre Wärmeleitung wollen wir hier nicht betrachten. Mit Hilfe der konformen Abbildung lassen sich zwar einige interessante Probleme der zweidimensionalen stationären Wärmeleitung analytisch lösen, in der Praxis werden dafür aber heutzutage grundsätzlich numerische Lösungsalgorithmen verwendet.

2.3 Instationäre, eindimensionale Wärmeleitung

Bei der instationären Wärmeleitung ändert sich das Temperaturfeld im Körper mit der Zeit. Dies kann entweder durch eine sprunghafte Änderung zum Zeitpunkt $t = 0$ oder durch eine beliebige Zeitabhängigkeit der Randbedingung auf mindestens einer Oberfläche verursacht sein. In einem betrachteten Volumenelement ist die Summe der ein- und ausgehenden Wärmeströme nicht mehr Null, hier muß die Fähigkeit des Materials, Wärme zu speichern, besonders berücksichtigt werden.

2.3.1 Der halbunendliche Körper

Unter einem *halbunendlichen Körper* versteht man einen mit seiner Oberfläche an die Umgebung grenzenden Körper, der sonst als unendlich ausgedehnt betrachtet werden kann.

- **Ähnlichkeitslösung der Fourier-Gleichung**

Wir wollen einige Lösungen und Lösungsmethoden der eindimensionalen Fourier-Gleichung (2.5) ohne innere Wärmequellen

$$\frac{\partial T}{\partial t} = a \frac{\partial^2 T}{\partial x^2}$$

betrachten. Dies ist eine lineare, homogene und partielle Differentialgleichung zweiter Ordnung mit konstanten Koeffizienten, wenn wir die Temperaturleitfähigkeit als konstant annehmen. Dimensionsbetrachtungen führen zu der Annahme, daß es eine Lösung der Form

$$T(x,t) = \Theta\left(\frac{x}{2\sqrt{a\,t}}\right) = \Theta(\xi)$$

geben muß, bei der $T(x,t)$ nicht mehr einzeln von x und t, sondern nur noch von der Ähnlichkeitsvariablen

$$\xi \equiv \frac{x}{2\sqrt{a\,t}} \tag{2.48}$$

abhängig ist. Einsetzen von $\Theta(\xi)$ in die Fouriersche Differentialgleichung führt auf

$$\frac{\partial \Theta}{\partial \xi}\frac{d\xi}{dt} = a\frac{\partial^2 \Theta}{\partial \xi^2}\left(\frac{d\xi}{dx}\right)^2 \tag{2.49}$$

und weiter mit

$$\Theta' \frac{x}{2\sqrt{a}}\, t^{-3/2}\left(-\frac{1}{2}\right) = a\,\Theta'' \frac{1}{4\,a\,t}$$

$$-\,\Theta' \frac{x}{4\sqrt{a\,t}}\,\frac{1}{t} = a\,\Theta'' \frac{1}{4\,a\,t}$$

$$-\,\Theta'\,2\xi = \Theta''$$

schließlich auf die gewöhnliche Differentialgleichung

$$\Theta'' + 2\xi \, \Theta' = 0 \tag{2.50}$$

mit der allgemeinen Lösung

$$\Theta = C_1 \int_0^{\xi} \exp\left(-\eta^2\right) \, \mathrm{d}\eta + C_2 \; . \tag{2.51}$$

Die Funktion

$$\boxed{\frac{2}{\sqrt{\pi}} \int_0^{\xi} \exp\left(-\eta^2\right) \, \mathrm{d}\eta \equiv erf\left(\xi\right)} \tag{2.52}$$

ist das Gaußsche Fehlerintegral (englisch: error function) mit den Eigenschaften (siehe auch Abb. 2.7)

$$erf\left(0\right) = 0; \; erf\left(\infty\right) = 1; \; erf\left(-z\right) = -\,erf\left(z\right).$$

Die Zahlenwerte für bestimmte Werte von ξ können auch Tabelle 2.1 entnommen werden.

Damit erhält man die allgemeine Lösung in der Form

$$\boxed{\Theta = C_1 \, \frac{\sqrt{\pi}}{2} \, erf\left(\xi\right) + C_2} \; . \tag{2.53}$$

Tabelle 2.1: Tabelle für die Error-Funktion $erf\,(\eta) = \dfrac{2}{\sqrt{\pi}} \displaystyle\int_{0}^{\eta} \exp\left(-\xi^2\right)\mathrm{d}\xi$

η	erf (η)	η	erf (η)	η	erf (η)
0,00	0,00000	0,76	0,71754	1,52	0,96841
0,02	0,02256	0,78	0,73001	1,54	0,97059
0,04	0,04511	0,80	0,74210	1,56	0,97263
0,06	0,06762	0,82	0,75381	1,58	0,97455
0,08	0,09008	0,84	0,76541	1,60	0,97635
0,10	0,11246	0,86	0,77610	1,62	0,97804
0,12	0,13476	0,88	0,78669	1,64	0,97962
0,14	0,15695	0,90	0,79691	1,66	0,98110
0,16	0,17901	0,92	0,80677	1,68	0,98249
0,18	0,20094	0,94	0,81627	1,70	0,98379
0,20	0,22270	0,96	0,82542	1,72	0,98500
0,22	0,24430	0,98	0,83423	1,74	0,98613
0,24	0,26570	1,00	0,84270	1,76	0,98719
0,26	0,28690	1,02	0,85084	1,78	0,98817
0,28	0,30788	1,04	0,85865	1,80	0,98909
0,30	0,32863	1,06	0,86614	1,82	0,98994
0,32	0,34913	1,08	0,87333	1,84	0,99074
0,34	0,36936	1,10	0,88020	1,86	0,99147
0,36	0,38933	1,12	0,88079	1,88	0,99216
0,38	0,40901	1,14	0,89308	1,90	0,99279
0,40	0,42839	1,16	0,89910	1,92	0,99338
0,42	0,44749	1,18	0,90484	1,94	0,99392
0,44	0,46622	1,20	0,91031	1,96	0,99443
0,46	0,48466	1,22	0,91553	1,98	0,99489
0,48	0,50275	1,24	0,92050	2,00	0,995322
0,50	0,52050	1,26	0,92524	2,10	0,997020
0,52	0,53790	1,28	0,92973	2,20	0,998137
0,54	0,55494	1,30	0,93401	2,30	0,998857
0,56	0,57162	1,32	0,93806	2,40	0,999311
0,58	0,58792	1,34	0,94191	2,50	0,999593
0,60	0,60386	1,36	0,94556	2,60	0,999764
0,62	0,61941	1,38	0,94902	2,70	0,999866
0,64	0,63459	1,40	0,95228	2,80	0,999925
0,66	0,64938	1,42	0,95538	2,90	0,999959
0,68	0,66278	1,44	0,95830	3,00	0,999978
0,70	0,67780	1,46	0,96105	3,20	0,999994
0,72	0,69143	1,48	0,96365	3,40	0,999998
0,74	0,70468	1,50	0,96610	3,60	1,000000

• Konstante Wandtemperatur

Durch Anpassen der Konstanten C_1 und C_2 an die Anfangs- und Randbedingungen

$t < 0$ und $x > 0$: $T = T_0$

$t \geq 0$ und $x = 0$: $T = T_W$

erhält man aus der oben angegebenen allgemeinen Lösung für
die Temperaturverteilung in einem halbunendlichen Körper

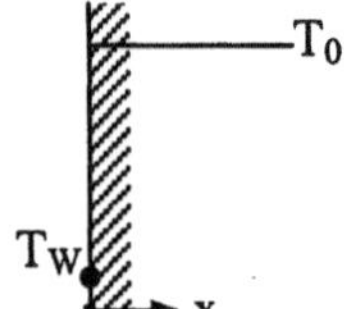

$$\frac{T - T_W}{T_0 - T_W} = erf\left(\frac{x}{2\sqrt{a\,t}}\right) = \frac{2}{\sqrt{\pi}} \int_{0}^{\xi\,=\,\frac{x}{2\sqrt{a\,t}}} \exp(-\eta^2)\, d\eta \,. \tag{2.54}$$

Für die Wärmestromdichte q ergibt sich

$$q_x = -\lambda\,\frac{\partial T}{\partial x} = -\frac{\lambda}{\sqrt{\pi\,a\,t}}\,(T_0 - T_W)\,\exp(-\xi^2)\,. \tag{2.55}$$

Mit der Definition des Wärmeeindringkoeffizienten

$$b \equiv \sqrt{\lambda\,\rho\,c_p} = \frac{\lambda}{\sqrt{a}} \tag{2.56}$$

folgt daraus für die Wärmestromdichte an der Oberfläche

$$q_W = -(T_0 - T_W)\,\frac{b}{\sqrt{\pi\,t}} \tag{2.57}$$

Hat der halbunendliche Körper die Anfangstemperatur T_0 und wird die Oberfläche
zum Zeitpunkt $t = 0$ auf eine höhere Temperatur $T_W > T_0$ gebracht, so erhält man für
die Temperaturverteilung die mit Gleichung 2.54 identische Lösung

$$\boxed{\frac{T - T_0}{T_W - T_0} = 1 - erf\left(\frac{x}{2\sqrt{a\,t}}\right) = erfc\left(\frac{x}{2\sqrt{a\,t}}\right)}\ .$$

(2.58)

Mit $erf(\xi)$ wird das komplementäre Fehlerintegral (englisch: complementary error function) bezeichnet, wofür gilt:

$$erfc(0) = 1;\ erfc(\infty) = 0;\ erfc(\xi) = 1 - erf(\xi)\ .$$

Die Funktionen $\exp(-\xi^2)$, $erf(\xi)$ und $erfc(\xi)$ sind in Abb. 2.7 dargestellt.

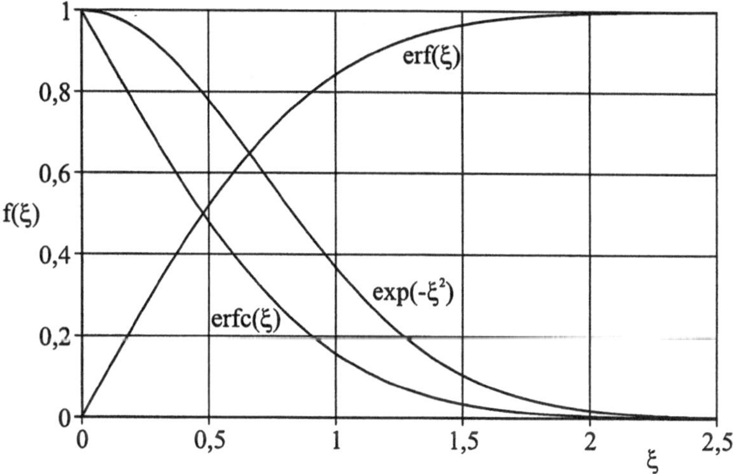

Abb. 2.7: Exponentialfunktion und Fehlerintegrale

In Abb. 2.8 sind die Temperaturfelder in einem halbunendlichen Körper bei sprunghafter Absenkung und bei sprunghafter Anhebung der Oberflächentemperatur von T_0 auf T_W zum Zeitpunkt $t = 0$ dargestellt.

Die Lösungen für den Temperaturverlauf in einem halbunendlichen Körper lassen sich auch in dimensionsloser Form schreiben. Als dimensionslose Temperatur verwendet man die normierten Temperaturen

$$\Theta = \frac{T - T_W}{T_0 - T_W}\ \text{bzw.}\ \Theta = \frac{T - T_0}{T_W - T_0}\ .$$

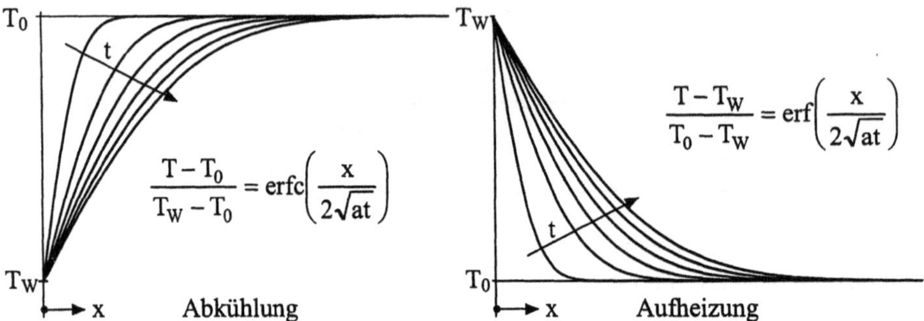

Abb. 2.8: Temperaturverlauf im halbunendlichen Körper bei Abkühlung und bei Aufheizung

Für das Argument

$$\xi = \frac{x}{2\sqrt{a\,t}}$$

erhält man mit der nach Fourier benannten Kennzahl (Fourier-Zahl)

$$Fo \equiv \frac{a\,t}{x^2} \tag{2.59}$$

den Ausdruck

$$\xi = \frac{1}{2\sqrt{Fo}}\;.$$

Damit folgt für den Fall der Abkühlung nach Gleichung 2.54 der dimensionslose Ausdruck

$$\Theta = erf\left(\frac{1}{2\sqrt{Fo}}\right) \tag{2.60}$$

für die Temperatur in der Wand zu einem beliebigen Zeitpunkt t und an einem beliebigen Ort x.

• Konstante Wandwärmestromdichte

Wir wollen noch den Fall betrachten, daß an Stelle der Temperatur die Wärmestromdichte q_w an der Oberfläche vorgegeben ist (Randbedingung 2. Art). Dazu differenzieren wir die Fourier-Gleichung nach x

$$\frac{\partial}{\partial t}\left(\frac{\partial T}{\partial x}\right) = a\,\frac{\partial^2}{\partial x^2}\left(\frac{\partial T}{\partial x}\right)$$

und erhalten daraus mit dem Fourierschen Wärmeleitungsansatz wieder die ursprüngliche Fourier-Gleichung für q

$$\frac{\partial q}{\partial t} = a\,\frac{\partial^2 q}{\partial x^2}\ . \tag{2.61}$$

Wird auf der Oberfläche eines halbunendlichen Körpers zum Zeitpunkt $t = 0$ die konstante Wärmestromdichte q_w aufgebracht, z. B. durch eine elektrische Heizung, dann folgt analog zu vorher

$$\boxed{\; q = q_w\ erfc\left(\frac{x}{2\,\sqrt{a\,t}}\right)\;}\ . \tag{2.62}$$

Den Temperaturverlauf $T(x,t)$ erhält man daraus durch partielle Integration

$$T(x,t) - T_0 = -\frac{1}{\lambda}\int\limits_0^x q\ \mathrm{d}x\ .$$

Mit der Substitution

$$x = \xi\,2\,\sqrt{a\,t}$$

folgt daraus

$$T(x,t) - T_0 = -\frac{2\,\sqrt{a\,t}}{\lambda}\,q_w \int\limits_0^\xi erfc(\eta)\ \mathrm{d}\eta\ + C(t)\ , \tag{2.63}$$

wobei die von t abhängige Integrationsfunktion $C(t)$ auftritt. Durch Einsetzen der Anfangsbedingung

$$T = T_0 \quad \text{für } t = 0 \text{ und } x \geq 0$$

erhält man dafür

$$C(t) = \frac{2\,q_W\,\sqrt{t}}{\sqrt{\pi}\,b} \tag{2.64}$$

mit der Umformung

$$\int\limits_0^\xi erfc(\eta)\,\mathrm{d}\eta = \int\limits_0^\infty erfc(\eta)\,\mathrm{d}\eta - \int\limits_\xi^\infty erfc(\eta)\,\mathrm{d}\eta \;, \tag{2.65}$$

sowie mit

$$\int\limits_0^\infty erfc(\eta)\,\mathrm{d}\eta = \frac{1}{\sqrt{\pi}} \;. \tag{2.66}$$

Da

$$\int\limits_\xi^\infty erfc(\eta)\,\mathrm{d}\eta = \frac{1}{\sqrt{\pi}}\exp(-\xi^2) - \xi\,erfc(\xi) \tag{2.67}$$

gilt, folgt daraus schließlich für den Temperaturverlauf im halbunendlichen Körper bei Randbedingung 2. Art auf der Oberfläche

$$\boxed{\begin{aligned} T(x,t) - T_0 &= \frac{2\,q_W}{b}\,\sqrt{t}\left[\frac{1}{\sqrt{\pi}}\exp(-\xi^2) - \xi\,erfc(\xi)\right] \\[2mm] \xi &= \frac{x}{2\,\sqrt{a\,t}} \end{aligned}} \tag{2.68}$$

Für den Verlauf der Oberflächentemperatur folgt

$$\boxed{T_W(t) - T_0 = \frac{2}{\sqrt{\pi}\, b}\, q_W\, \sqrt{t}} \qquad . \qquad\qquad (2.69)$$

Lösungen für den halbunendlichen Körper stellen gute Näherungen für endliche Körper dar, solange die thermische Einwirkung auf den Oberflächenbereich beschränkt bleibt, d. h. sie sind Näherungslösungen für kleine Zeiten.

2.3.2 Temperaturausgleich in einfachen Körpern

Im folgenden werden die Temperaturverläufe in einfachen Körpern (Platte, Zylinder, Kugel) behandelt, die sich bei Randbedingungen dritter Art ergeben. Ein umgebendes Fluid kühlt bzw. erwärmt durch freie oder erzwungene Konvektion die Körperoberfläche.

- **Grundlösungen der Fourier-Gleichung**

Für die Praxis wichtige Lösungen der Fourier-Gleichung erhält man mit dem Produktansatz von Daniel Bernoulli. Wir gehen wieder von der bereits in Kap. 2.1 angegebenen Form der Fourier-Gleichung

$$\boxed{\frac{\partial T}{\partial t} = a\left(\frac{\partial^2 T}{\partial r^2} + \frac{n}{r}\frac{\partial T}{\partial r}\right)}$$

mit

$$n = \begin{cases} 0: \text{Platte} \\ 1: \text{Zylinder} \\ 2: \text{Kugel} \end{cases}$$

aus. Mit der Fluidtemperatur T_∞ und dem Produktansatz

$$T(r,t) - T_\infty = \varphi(t)\,\psi(r)$$

erhalten wir

$$\varphi' \, \psi = a \left(\varphi \, \psi'' + \frac{n}{r} \, \varphi \, \psi' \right)$$

bzw.

$$\frac{1}{a} \frac{\varphi'}{\varphi} = \frac{1}{\psi} \left(\psi'' + \frac{n}{r} \, \psi' \right) = \pm \, q^2 \; . \tag{2.70}$$

Mit dem Seperationsansatz erhält man daraus zwei gewöhnliche Differentialgleichungen

$$\varphi' \pm a \, q^2 \, \varphi = 0 \, , \tag{2.71}$$

$$\psi'' + \frac{n}{r} \, \psi' \pm q^2 \, \psi = 0 \, . \tag{2.72}$$

Die erste Gleichung (2.71) hat die Lösung

$$\boxed{\varphi = C \, \exp\left(- q^2 \, a \, t\right)} \, , \tag{2.73}$$

denn nur das Minuszeichen liefert physikalisch sinnvolle Lösungen, weil im einfachen Fall ohne innere Wärmequellen Temperaturunterschiede mit der Zeit nur abnehmen können.

Die zweite Differentialgleichung hat die Lösungen

$$\psi = \begin{cases} C_1 \, \cos(q\,r) + C_2 \, \sin(q\,r) & \text{für} \quad n = 0 \\[2mm] C_1 \, J_0(q\,r) + C_2 \, Y_0(q\,r) & \text{für} \quad n = 1 \\[2mm] C_1 \, \dfrac{\sin(q\,r)}{q\,r} + C_2 \, \dfrac{\cos(q\,r)}{q\,r} & \text{für} \quad n = 2 \end{cases} \; . \tag{2.74}$$

Damit erhält man eine Lösung in der Form

$$T(x,t) - T_\infty = C \exp(-q^2\, a\, t)\, \psi\,(q\,r) \qquad . \tag{2.75}$$

Die noch freien Konstanten C und q sind aus den Anfangs- und Randbedingungen zu bestimmen. J_0 und Y_0 sind Bessel-Funktion nullter Ordnung und erster bzw. zweiter Art.

Wir wollen im folgenden instationäre Temperaturverläufe in den sogenannten einfachen Körpern, nämlich der ebenen Platte, dem Zylinder und der Kugel berechnen, wenn diese sich für $t < 0$ auf einheitlicher Temperatur befinden und für $t \geq 0$ durch Wärmeübertragung an ein den Körper umgebendes Fluid mit der Temperatur T_∞ gemäß der Randbedingung 3. Art aufheizen oder abkühlen.

- **Platte, Zylinder und Kugel**

Die ebene Platte mit der Dicke $2\,X$, siehe Abb. 2.9, wird dabei genauer behandelt, für den Zylinder und die Kugel werden die Lösungen angegeben.

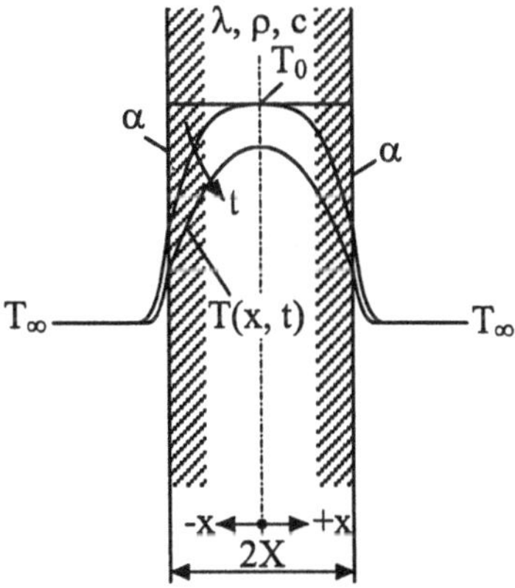

Abb. 2.9: Abkühlung einer ebenen Platte

Für die ebene Platte gelten folgende Randbedingungen

$$T = T_0 \qquad\qquad \text{für} \quad - X < x < X, t < 0,$$

$$\lambda \frac{\partial T}{\partial x} = - \alpha \, (T_w - T_\infty) \quad \text{für} \qquad x = + X, t \geq 0,$$

$$\lambda \frac{\partial T}{\partial x} = \;\; \alpha \, (T_w - T_\infty) \quad \text{für} \qquad x = - X, t \geq 0 \;,$$

wobei die Stoffwerte λ und a, sowie der Wärmeübergangskoeffizient α als konstant betrachtet werden.

Die Fourier-Gleichung für den Temperaturverlauf in der Platte hat die bereits oben angegebene allgemeine Lösung (Gl. 2.75)

$$T - T_\infty = C_0 \, \exp \, (-q^2 \, a \, t) \, \psi \, (q \, x)$$

mit der nur von x abhängigen Funktion

$$\psi = C_1 \cos \, (q \, x) + C_2 \sin (q \, x) \;.$$

Weil nach den getroffenen Voraussetzungen bzw. Randbedingungen das Temperaturfeld symmetrisch zu $x = 0$ sein muß, kann als Lösung nur die cos-Funktion auftauchen. Mit der Vereinbarung $C_0 \, C_1 = C$ folgt damit

$$\boxed{\; T - T_\infty = C \exp \, (-q^2 \, a \, t) \, \cos \, (q \, x) \;} \;. \qquad\qquad (2.76)$$

Die beiden Konstanten C und q werden durch die Anfangs- und Randbedingungen festgelegt. Für die Temperaturgradienten an den Stellen $x = \pm \, X$ erhält man

$$\frac{\partial T}{\partial x} = C \exp \, (-q^2 \, a \, t) \, (-q \, \sin \, q \, x) \;, \; x = \pm \, X \qquad\qquad (2.77)$$

und für die Wandtemperatur T_W folgt

$$T_W - T_\infty = C \exp \, (-q^2 \, a \, t) \, \cos \, (q \, x) \;, \; x = \pm \, X \;. \qquad\qquad (2.78)$$

Durch Einsetzen in die Randbedingung 3. Art

$$\lambda \, \frac{\partial T}{\partial x} = \alpha \, (T_W - T_\infty)$$

an der Stelle $x = -X$ folgt zunächst

$$\lambda \, q \, \sin(q \, X) = \alpha \, \cos(q \, X)$$

und daraus mit der Biot-Zahl

$$Bi = \frac{\alpha \, X}{\lambda} \qquad\qquad\qquad (2.79)$$

und der neuen Konstanten $\delta = q \, X$ die transzendente Gleichung

$$\boxed{\quad \delta \, \tan \delta = Bi \qquad\qquad bzw. \qquad\qquad \cot \delta = \frac{\delta}{Bi} \quad} \qquad (2.80)$$

zur Bestimmung der Konstanten δ. Weil die cot-Funktion periodisch ist, erhält man nach Abb. 2.10 aus den Schnittpunkten von $\cot \delta$ mit der Geraden δ / Bi eine unendliche Zahl von δ-Werten $\delta_1, \delta_2, \delta_3, \dots \delta_k$. Für die beiden Fälle $Bi = \infty$ und $Bi = 0$ folgen die Grenzwerte:

- $Bi = \infty$ (Randbedingung 1. Art)

$$\delta_1 = \frac{\pi}{2} \, , \; \delta_2 = \frac{3\,\pi}{2} \, , \; \dots, \; \delta_k = \frac{2k-1}{2} \, \pi \; ,$$

- $Bi = 0$ (Adiabate Wand)

$$\delta_1 = 0 \, , \; \delta_2 = \pi \, , \; \dots, \; \delta_k = (k-1)\,\pi \; .$$

Nur für die aus der oben angegebenen transzendenten Gleichung folgenden δ-Werte auch Eigenwerte des Problems genannt- wird die Fourier-Gleichung mit ihren Randbedingungen erfüllt. Die Lösung muß daher als Summe über die Teillösungen angeschrieben werden,

$$T\left(x,\,t\right) - T_\infty = \sum_{k=1}^{\infty} \left\{ C_k \, \exp\left(-\delta_k^2 \, Fo\right) \cos\left(\delta_k \, \frac{x}{X}\right) \right\} \qquad (2.81)$$

mit den

- Eigenwerten $\delta_k \, \tan \delta_k = Bi$ und der
- Fourier-Zahl $Fo = a\,t/X^2$.

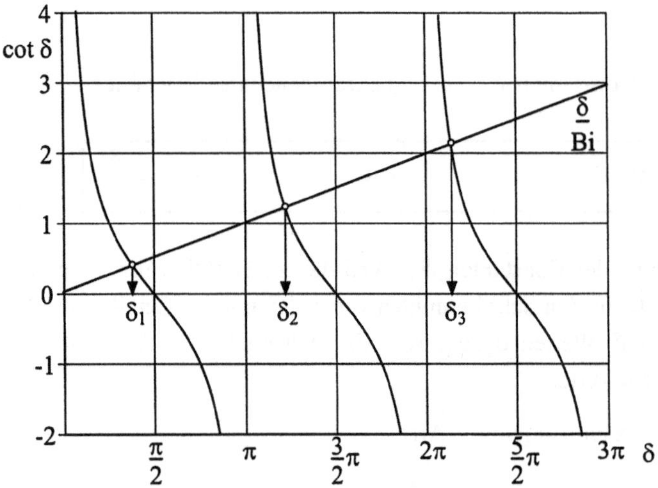

Abb. 2.10: Bestimmung der Eigenwerte δ_k aus der transzendenten Gleichung
$\cot \delta_k = \delta_k/Bi$ für die ebene Platte

Zur Erfüllung der Anfangsbedingung

$$t = 0: \quad T = T_0 \quad \text{für} \quad -X < x < X$$

muß die "Funktion" $T = T_0$ in eine Fourier-Reihe entwickelt werden; hier noch mit der
Besonderheit, daß die Eigenwerte die obige transzendente Gleichung erfüllen müssen.
Die Ableitung wollen wir übergehen. Man erhält für die Koeffizienten

$$C_k = \frac{2 \sin \delta_k}{\delta_k + \sin \delta_k \, \cos \delta_k} \, (T_0 - T_\infty) \qquad (2.82)$$

und damit schließlich für den Temperaturverlauf in der ebenen Platte

$$\frac{T(x,\,t)-T_\infty}{T_0-T_\infty} = \sum_{k=1}^{\infty} \left(\frac{2\,\sin\delta_k}{\delta_k + \sin\delta_k\,\cos\delta_k}\,\exp\left(-\delta_k^2\,Fo\right)\cos\left(\delta_k\,\frac{x}{X}\right) \right) \qquad (2.83)$$

mit

$$\delta_k\,\tan\delta_k = Bi,\ Bi = \alpha\,X/\lambda,\ Fo = a\,t/X^2\ ,$$

wenn X die halbe Plattendicke ist, siehe auch Abb. 2.9.

Für den Zylinder mit der radialen Koordinate r und dem Radius R erhält man

$$\frac{T(r,t)-T_\infty}{T_0-T_\infty} = \sum_{k=1}^{\infty} \left(\frac{2\,J_1(\mu_k)}{\mu_k\left[J_0^2(\mu_k)+J_1^2(\mu_k)\right]}\,\exp\left(-\mu_k^2\,Fo\right)J_0\left(\mu_k\,\frac{r}{R}\right) \right) \qquad (2.84)$$

mit

$$\mu_k\,J_1(\mu_k) = J_0(\mu_k)\,Bi,\ Bi = \alpha\,R/\lambda,\ Fo = a\,t/R^2\ .$$

Für die Kugel mit dem Radius R folgt

$$\frac{T(r,t)-T_\infty}{T_0-T_\infty} = \sum_{k=1}^{\infty} \left(2\,\frac{\sin v_k - v_k\,\cos v_k}{v_k - \sin v_k\,\cos v_k}\,\exp\left(-v_k^2\,Fo\right)\frac{\sin\left(v_k\,\dfrac{r}{R}\right)}{v_k\,\dfrac{r}{R}} \right) \qquad (2.85)$$

mit

$$v_k\,\cot v_k = 1 - Bi$$

und der Biot- und Fourier-Zahl analog zu vorher.

Numerische Lösungen für die Eigenwerte δ_k, μ_k und ν_k als Funktion der Biot-Zahl wurden ermittelt und sind bei Grigull (1964) und Grigull et al. (1966) tabelliert.

Für praktische Anwendungen interessieren besonders die Temperaturen in der Mitte $T(0, t)$ und an der Wand, sowie die innerhalb einer bestimmten Zeitspanne zu- bzw. abgeführte Wärmemenge. In Abb. 2.11 sind die Temperaturen in der Mitte $T(0, t)$ für die Platte, den Zylinder und die Kugel bei Randbedingung 1. Art, d. h. konstante Wandtemperatur ($Bi = \infty$) in Abhängigkeit der Fourier-Zahl aufgetragen.

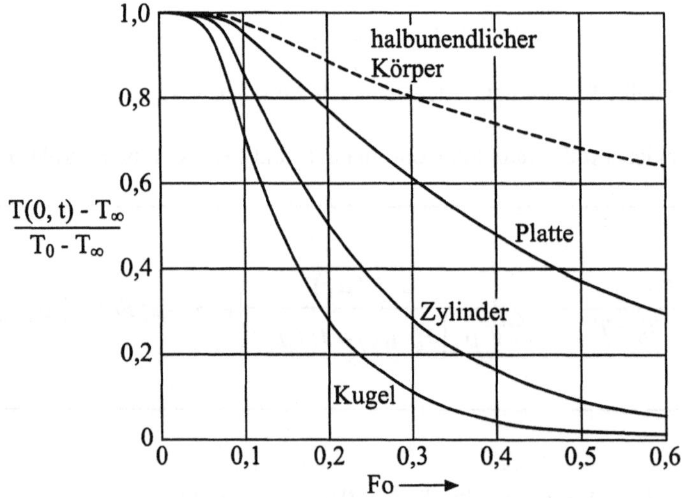

Abb. 2.11: Temperaturverlauf $T(0, t)$ bei $Bi = \infty$.

Die Kugel kühlt sich am schnellsten und die Platte am langsamsten ab. Für $Fo \to 0$ nähern sich alle drei Temperaturverläufe dem des halbunendlichen Körpers.

- **Näherungslösungen**

Die unendlichen Reihen der exakten Lösungen konvergieren für nicht zu kleine Zeiten wegen des Exponentialterms relativ gut, da die Differenzen $\delta_{k+1} - \delta_k$ von der Größenordnung π sind. Läßt man einen absoluten Fehler von 1% zu, dann reicht für $Fo > Fo^*$ das erste Glied vollständig aus, wobei gilt

$$Fo^* = \begin{cases} 0{,}24 & : & \text{ebene Platte,} \\ 0{,}21 & : & \text{Zylinder,} \\ 0{,}18 & : & \text{Kugel}. \end{cases}$$

Die entsprechenden Beziehungen lauten dann

$$\frac{T(0,t) - T_\infty}{T_0 - T_\infty} = C_m \, \exp\left(-E \, Fo\right) \ , \tag{2.86}$$

$$\frac{T_W - T_\infty}{T_0 - T_\infty} = C_W \, \exp\left(-E \, Fo\right) \ , \tag{2.87}$$

$$\frac{Q}{Q_0} = 1 - C_q \, \exp\left(-E \, Fo\right) \ , \tag{2.88}$$

mit der maximalen Wärmemenge

$$Q_0 = \rho \, c_p \, V \, (T_0 - T_\infty) \tag{2.89}$$

und

$$V = \begin{cases} 2 \, X \, A & : & \text{Platte (Fläche } A)\,, \\ R^2 \, \pi \, l & : & \text{Zylinder (Länge } l)\,, \\ 4 \, \pi \, R^3/3 & : & \text{Kugel}. \end{cases} \tag{2.90}$$

Für die Temperaturen an einer beliebigen Stelle x/X bzw. r/R gelten dann die Beziehungen:

$$\frac{T - T_\infty}{T_0 - T_\infty} = C_m \exp(-E\,Fo) \begin{cases} \cos\left(\delta_1 \dfrac{x}{X}\right) : & \text{ebene Platte} \\[2ex] J_0\left(\mu_1 \dfrac{r}{R}\right) : & \text{Zylinder} \\[2ex] \dfrac{\sin\left(\nu_1 \dfrac{r}{R}\right)}{\nu_1 \dfrac{r}{R}} : & \text{Kugel} \end{cases} \ . \tag{2.91}$$

Die nur von Bi abhängigen Werte C_m, C_w, C_q, E und die ersten Eigenwerte δ_1, μ_1 und ν_1 sind für die drei einfachen Körper in den Tabellen 2.2 bis 2.4 wiedergegeben.

Tab.2.2: Näherungslösung für die ebene Platte

$Fo = a\,t\,/\,X^2$		$Bi = \alpha\,X\,/\,\lambda$		$Fo^* = 0{,}24$
$1\,/\,Bi$	C_m	E	C_w	C_q	δ_1
0	1,2732	2,4674	0,0000	0,8106	1,5708
0,1	1,2620	2,0417	0,1785	0,8743	1,4289
0,2	1,2402	1,7262	0,3152	0,9130	1,3138
0,5	1,1784	1,1560	0,5587	0,9635	1,0769
0,8	1,1379	0,8663	0,6796	0,9806	0,9308
1	1,1191	0,7402	0,7299	0,9861	0,8603
2	1,0701	0,4268	0,8498	0,9947	0,6533
5	1,0311	0,1874	0,9360	0,9992	0,4328
8	1,0199	0,1200	0,9594	0,9997	0,3463
10	1,0161	0,0968	0,9673	0,9998	0,3111
20	1,0082	0,0492	0,9835	0,9999	0,2218
50	1,0033	0,0199	0,9934	1,0000	0,1410
80	1,0021	0,0124	0,9958	1,0000	0,1116
100	1,0017	0,0100	0,9967	1,0000	0,0998

Tab.2.3: Näherungslösung für den Zylinder

$Fo = a\,t\,/\,R^2$		$Bi = \alpha\,R\,/\,\lambda$		$Fo^* = 0{,}21$
$1\,/\,Bi$	C_m	E	C_w	C_q	μ_1
0	1,6020	5,7840	0,0000	0,6916	2,4048
0,1	1,5678	4,7524	0,1905	0,8037	2,1795
0,2	1,5029	3,9601	0,3452	0,8721	1,9898
0,5	1,3386	2,5600	0,6096	0,9536	1,5994
0,8	1,2461	1,8656	0,7293	0,9772	1,3659
1	1,2068	1,5750	0,7764	0,9843	1,2558
2	1,1141	0,8836	0,8812	0,9955	0,9408
5	1,0482	0,3795	0,9510	0,9992	0,6170
8	1,0306	0,2421	0,9691	0,9997	0,4923
10	1,0245	0,1945	0,9753	0,9998	0,4417
20	1,0124	0,0986	0,9876	0,9999	0,3143
50	1,0050	0,0396	0,9950	1,0000	0,1995
80	1,0031	0,0246	0,9969	1,0000	0,1579
100	1,0025	0,0199	0,9975	1,0000	0,1412

Tab.2.4: Näherungslösung für die Kugel

$Fo = a\,t\,/\,R^2$		$Bi = \alpha\,R\,/\,\lambda$		$Fo^* = 0{,}18$	
$1\,/\,Bi$	C_m	E	C_w	C_q	v_1
0	2,0000	9,8696	0,0000	0,6079	3,1416
0,1	1,9249	8,0446	0,2040	0,7607	2,8363
0,2	1,7870	6,6071	0,3758	0,8533	2,5704
0,5	1,4793	4,1158	0,6540	0,9534	2,0288
0,8	1,3313	2,9430	0,7679	0,9785	1,7155
1	1,2732	2,4674	0,8106	0,9855	1,5708
2	1,1441	1,3585	0,9021	0,9960	1,1656
5	1,0592	0,5765	0,9603	0,9993	0,7593
8	1,0372	0,3658	0,9751	0,9997	0,6048
10	1,0298	0,2941	0,9801	0,9998	0,5423
20	1,0150	0,1485	0,9900	1,0000	0,3854
50	1,0060	0,0598	0,9960	1,0000	0,2445
80	1,0037	0,0374	0,9975	1,0000	0,1934
100	1,0030	0,0299	0,9980	1,0000	0,1730

Für kleinere Zeiten, d. h. für $Fo \to 0$, konvergieren die unendlichen Reihen schlecht. Deshalb berechnet man den Temperaturverlauf für $Fo \to 0$ näherungsweise mit der Lösung für den halbunendlichen Körper. Für den Fall, daß sich ein halbunendlicher Körper nach den Gesetzmäßigkeiten der Randbedingung 3. Art abkühlt, erhält man für das Temperaturfeld die hier nicht abgeleitete Lösung

$$\frac{T - T_\infty}{T_0 - T_\infty} = erf\left(\frac{1}{2\sqrt{Fo}}\right) + \exp(Fo\,Bi^2 + Bi)\,erfc\left(\frac{1}{2\sqrt{Fo}} + \sqrt{Fo}\,Bi\right) \tag{2.92}$$

mit

$$Fo = \frac{a\,t}{x^2}$$

und

$$Bi = \frac{\alpha\,x}{\lambda}$$

und dem Abstand x von der Oberfläche.

Für $x = 0$ folgen $Bi = 0$ und $1/Fo = 0$. Das Produkt

$$\eta = \sqrt{Fo}\ Bi = \frac{\sqrt{a\,t}}{x}\ \frac{\alpha\,x}{\lambda} = \frac{\alpha\,\sqrt{t}}{b}$$

bleibt jedoch endlich, weil die Ortskoordinate x herausfällt. Für die Wandtemperatur erhält man somit

$$\boxed{\frac{T_w - T_\infty}{T_0 - T_\infty} = \exp(\eta^2)\ erfc(\eta)}\ . \qquad (2.93)$$

In den Abbildungen 2.12 bis 2.14 ist das Verhältnis Q/Q_0 bzw. $(T - T_\infty)/(T_0 - T_\infty)$ aufgetragen, der nach einer bestimmten Zeit erreicht wird. Dazu sind in den Fo, Bi - Diagrammen Parameterkurven mit $Q/Q_0 = $ konst. eingezeichnet.

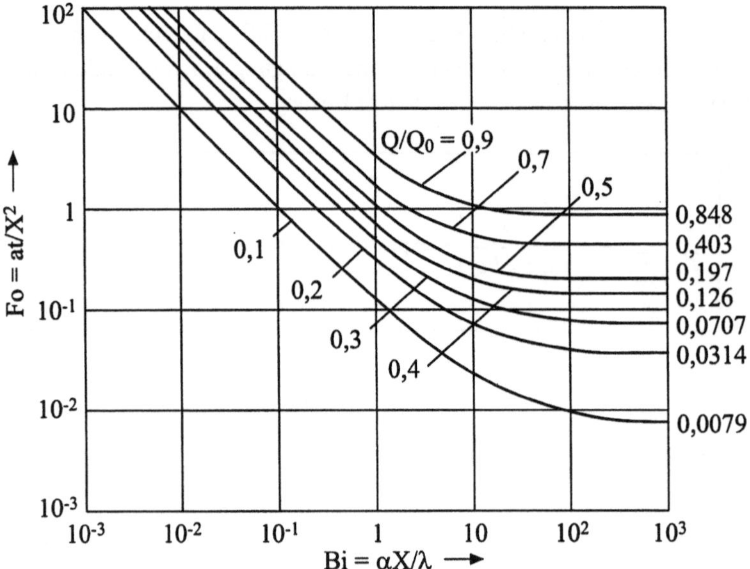

Abb. 2.12: Fo, Bi -Diagramm mit Q/Q_0 als Parameter für die ebene Platte

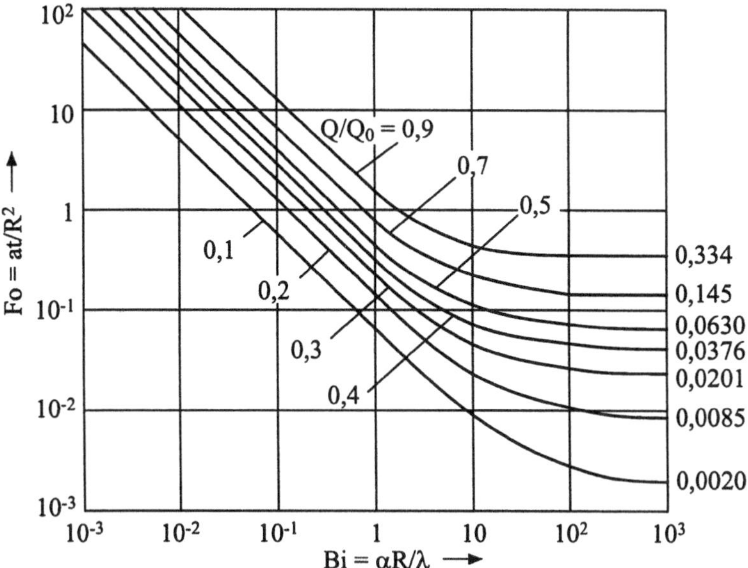

Abb. 2.13: *Fo, Bi* -Diagramm mit Q/Q_0 als Parameter für den Zylinder

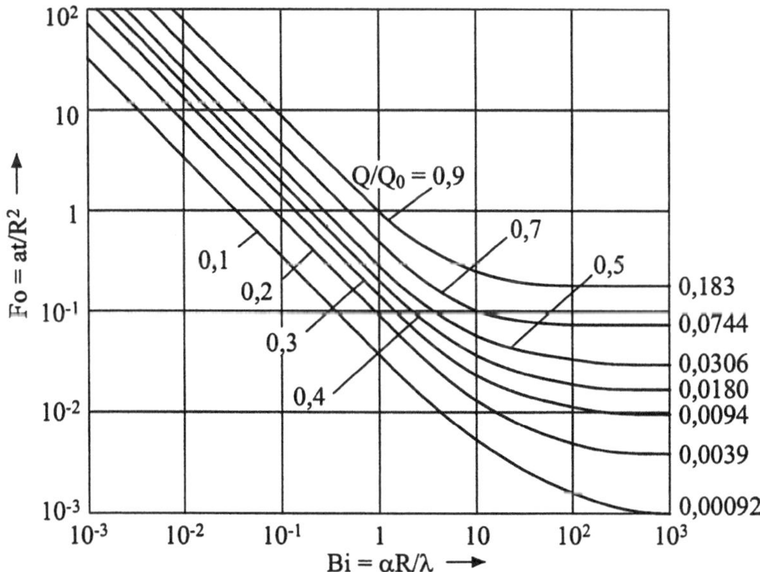

Abb. 2.14: *Fo, Bi* -Diagramm mit Q/Q_0 als Parameter für die Kugel

2.4 Übungsaufgaben

Aufgabe 2.1:

1000 °C heiße Rauchgase geben durch eine $s = 25$ mm dicke Stahlwand
($\lambda_s = 50$ W / (m K), $A_s = 2,1$ m^2) Wärme an siedendes Wasser von 120 °C ab. Auf
der Rauchgasseite sei der Wärmeübergangskoeffizient $\alpha_{RG} = 80$ W / (m^2 K), auf der
Wasserseite $\alpha_{sW} = 1000$ W / (m^2 K). Berechnen Sie den Wärmestrom durch die
Wand und die Temperaturen an der Metalloberfläche.

Aufgabe 2.2:

Eine Sauna der Höhe $h = 2$ m, der Breite $b = 4$ m, und der Höhe $t = 2$ m wird
durch einen kleinen Ofen beheizt, der bei Betrieb einen Wärmestrom $\dot{Q}_H = 1700$ W
an die umgebende Saunaluft abgibt. Die Luft in der Sauna habe generell eine orts-
unabhängige Temperatur T und Dichte $\rho = 1,29$ kg / m^3. Der Wärmeübergangskoeffizient aufgrund freier Konvektion von der Innenluft zur Saunawand ist mit
$\alpha_i = 1,3$ W / (m^2 K) bekannt, von der Saunawand zur äußeren Umgebungsluft
(Temperatur $T_a = 20\,°C$) ist er mit $\alpha_a = 1,2$ W / (m^2 K) bekannt. Die Sau-
naholzwand habe die Dicke $s = 10$ mm und die Wärmeleitfähigkeit
$\lambda_H = 0,3$ W / (m K). Die Wärmeverluste durch den Saunaboden seien vernachlässigbar. Die Decke besteht aus den gleichen Holzplatten wie die übrigen Seitenwände,
ebenso die Tür. Die Stoffwerte für die Saunaluft ($c_p = 1005$ J / (kg K)) seien näherungsweise temperaturunabhängig.

a) Zum Zeitpunkt $t = 0$ ist die Saunainnentemperatur T gleich der Umgebungstemperatur T_a (außer Betrieb). Wie lange dauert es, bis bei eingeschalteter Heizung eine Saunainnentemperatur von 93 °C erreicht wird?

b) Der Thermostat der Heizung schließt den Heizstromkreis bei 85 °C und öffnet bei
   93 °C. Wie lange dauert es, bis der Thermostat aufgrund der Abkühlung durch
   Wärmeverluste erneut schließt?

Aufgabe 2.3:

Ein Motor führt im Dauerbetrieb 1,65 kW Verlustleistung in Form von Wärme durch
seine Gehäuseoberfläche an die Umgebungsluft von 15 °C ab.

a) Wie hoch würde bei einem 1,6 m^2 großen, glatten Gehäuse aus Grauguß die Gehäuseoberflächentemperatur steigen, wenn der Wärmeübergangskoeffizient $\alpha = 7{,}5$ W / (m^2 K) beträgt?

b) Das Gehäuse soll 40 gerade Rechteckrippen optimaler Volumenausnutzung ($\lambda_{GG} = 60$ W / (m K)) von der Länge $L = 50$ cm erhalten, damit bei einem für Gehäuseoberfläche und Rippenflächen gemittelten Wärmeübergangskoeffizient von $\alpha_m = 12$ W / (m^2 K) die Gehäuseoberfläche nicht wärmer als 50 °C wird. Wie groß muß die Rippendicke σ sein?

Aufgabe 2.4:

In der Sauna von Aufgabe 2.2 sei die Innenlufttemperatur als zeitlich konstant mit 90 °C angenommen. Die Holzbänke haben zunächst aufgrund des stationären Zustandes Innenlufttemperatur (Wärmeeindringkoeffizient $b_H = 650$ W s$^{1/2}$ / (m^2 K)).

a) Weisen Sie nach, daß sich sofort beim Platznehmen eines Saunagängers (Wärmeeindringkoeffizient $b_K = 3250$ W s$^{1/2}$ / (m^2 K) , $T_K = 36°$C) eine zeitlich unabhängige Kontakttemperatur zwischen Mensch und Saunabank einstellt, sofern man hierfür den Kontakt zweier halbunendlicher Körper voraussetzt.

b) Welche Kontakttemperatur stellt sich ein?

3 Konvektive Wärmeübertragung

Im Gegensatz zur Wärmeleitung in festen Körpern wird bei der konvektiven Wärme-übertragung Wärme gleichzeitig durch Diffusion und Konvektion transportiert, wobei der konvektive Transport durch das Strömungsfeld des betrachteten Fluids erfolgt. Zur Ermittlung dieses konvektiven Transports muß zusätzlich zum Temperaturfeld auch das Geschwindigkeitsfeld berechnet werden, wobei unter bestimmten Randbedingungen das Geschwindigkeitsfeld unabhängig vom Temperaturfeld ist. Bei der natürlichen Konvektion jedoch, bei der das Geschwindigkeitsfeld erst durch das Temperaturfeld induziert wird, müssen die beiden Felder simultan ermittelt werden.

3.1 Grundgleichungen der Thermofluidmechanik

Wir wollen in diesem Kapitel die Herleitung der Navier-Stokes-Gleichungen aus den Erhaltungssätzen für Masse, Impuls und Energie erläutern. Wir beschränken uns dabei aber auf eine anschauliche und plausible Darstellung. Für eine strenge Herleitung sei auf Merker (1987), Zierep und Bühler (1991) oder Oertel (1995) verwiesen.

3.1.1 Kinematische Bedingung

Wir betrachten Transportvorgänge in einem zeitlich veränderlichen (instationären) dreidimensionalen Strömungsfeld, das durch den Geschwindigkeitsvektor

$$\vec{v}\,(\vec{x},\,t) = \vec{v}\,(x,\,y,\,z,\,t) = \begin{Bmatrix} u\,(x,\,y,\,z,\,t) \\ v\,(x,\,y,\,z,\,t) \\ w\,(x,\,y,\,z,\,t) \end{Bmatrix} = v_i\,(x_j,\,t) \tag{3.1}$$

beschrieben wird. Im Gegensatz zu Merker (1987) wollen wir im folgenden die von Merker und Baumgarten (1999) gewählte tensorielle Schreibweise konsequent beibe-halten.

Wird mit dem Strömungsfeld irgendeine Eigenschaft F des Fluids, z. B. die Temperatur, transportiert, dann gilt für das vollständige Differential dieser Eigenschaft

$$dF = \frac{\partial F}{\partial x_i}\, dx_i + \frac{\partial F}{\partial t}\, dt \ . \tag{3.2}$$

Ein Fluidelement (mathematisch gesehen ein Raumpunkt) bewegt sich im Zeitintervall dt um die Strecke

$$dx_i = v_i\, dt$$

weiter. Mit dem Geschwindigkeitsvektor

$$v_i = \frac{dx_i}{dt} \tag{3.3}$$

folgt damit für die totale Ableitung der Eigenschaft F die sog. kinematische Bedingung

$$\boxed{\ \frac{dF}{dt} = v_i\, \frac{\partial F}{\partial x_i} + \frac{\partial F}{\partial t}\ } , \tag{3.4}$$

wobei die einzelnen Terme folgende Bedeutung haben:

$$\frac{dF}{dt}\left(\text{oder auch } \frac{DF}{Dt}\right) \qquad \text{totale (substantielle) Ableitung,}$$

$$\frac{\partial F}{\partial t} \qquad \text{lokale Ableitung,}$$

$$v_i\, \frac{\partial F}{\partial x_i} \qquad \text{konvektiver Transport} \ .$$

Ein ortsfester Eulerscher Beobachter sieht die totale (substantielle) Änderung der Eigenschaft F, ein mit dem Strömungsfeld mitbewegter Lagrangescher Beobachter dagegen nur die lokale Änderung. Beide Betrachtungen sind durch die kinematische

Bedingung fest verknüpft, meist wird allerdings der Eulerschen Betrachtungsweise der Vorzug gegeben.

3.1.2 Erhaltungssätze

Wir betrachten das in Abb. 3.1 dargestellte offene thermodynamische System, das mit seiner Umgebung Masse, Arbeit und Wärme austauschen kann und an dessen Oberfläche die Kräfte F_i angreifen.

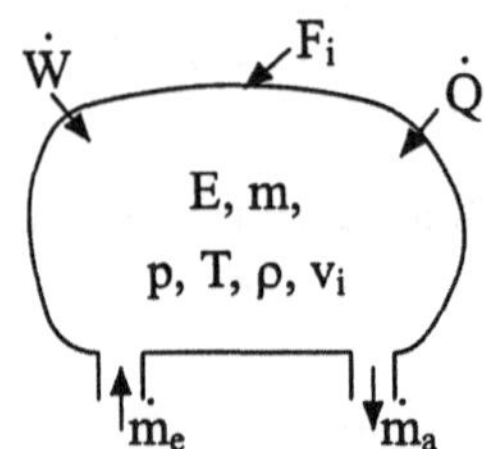

Abb. 3.1: Offenes thermo-
dynamisches System

Mit der Masse

$$m = \rho \ V \tag{3.5}$$

folgt für die zeitliche Änderung der Masse im System

$$\frac{\partial m}{\partial t} = \dot{m}_e - \dot{m}_a \ . \tag{3.6}$$

Die zeitliche Änderung des Impulses

$$I_i = m \ v_i \tag{3.7}$$

ist gleich der Differenz der ein- und austretenden Impulsströme und der Summe der an der Oberfläche angreifenden Kräfte

$$\frac{\partial I_i}{\partial t} = \dot{I}_{e,i} - \dot{I}_{a,i} + F_i \ . \tag{3.8}$$

Die zeitliche Änderung der Gesamtenergie

$$E = \rho \; V \left(u + \frac{|v|^2}{2} + g \right) \tag{3.9}$$

ist gleich der Differenz der ein- und austretenden Energieströme und der Summe aus zugeführtem Wärmestrom und zugeführter Leistung

$$\frac{\partial E}{\partial t} = \dot{E}_e - \dot{E}_a + \dot{W} + \dot{Q} \; . \tag{3.10}$$

Zusätzlich benötigen wir noch die thermische Zustandsgleichung

$$f\,(R\,,\;p,\;T) \;=\; 0 \tag{3.11}$$

und die kalorische Zustandsgleichung

$$u \;=\; u\,(p,T) \; . \tag{3.12}$$

Damit existieren sieben Gleichungen (eine Kontinuitätsgleichung, drei Impulsgleichungen, eine Energiegleichung und zwei thermische Zustandsgleichungen) für die 7 Unbekannten: Dichte, Geschwindigkeitskomponenten (drei), Druck, Temperatur und innere Energie.

3.1.3 Allgemeine Grundgleichungen

Wir beschränken uns im folgenden auf inkompressible Fluide. Für eine allgemein gültige Darstellung sei der interessierte Leser z. B. auf Merker (1987) oder Gersten und Herwig (1992) verwiesen.

- **Kontinuitätsgleichung**

Wir betrachten ein differentiell kleines Volumenelement

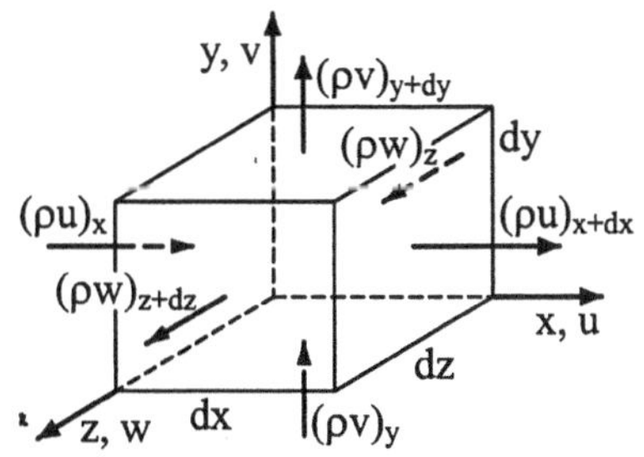

$$dV = dx\ dy\ dz\ ,\tag{3.13}$$

das die differentiell kleine Masse

$$dm = \rho\ dV$$

enthält.

Für die Differenz der in x-Richtung ein- und austretenden Massenströme ergibt sich dann

$$\dot{m}_{e,x} - \dot{m}_{a,x+dx} = dz\ dy\left[\left.(\rho\ u)\right|_x - \left.(\rho\ u)\right|_{x+dx}\right]\ .\tag{3.14}$$

Mit der schon aus Kap. 1.4.2 bekannten Taylor-Reihen-Entwicklung

$$\left.(\rho u)\right|_{x+dx} = \left.(\rho u)\right|_x + \frac{\partial}{\partial x}\left.(\rho u)\right|_x\ dx + ...\tag{3.15}$$

folgt daraus bei Vernachlässigung der Terme höherer Ordnung

$$\dot{m}_{e,x} - \dot{m}_{a,x+dx} = -\frac{\partial}{\partial x}\ (\rho\ u)\ dx\ dy\ dz\ .\tag{3.16}$$

Durch Addition der Komponenten in y- und z-Richtung und Einsetzen in den Erhaltungssatz für die Masse erhält man

$$\frac{\partial \rho}{\partial t} + \frac{\partial}{\partial x_i}\ (\rho\ v_i) = \frac{\partial \rho}{\partial t} + \rho\ \frac{\partial v_i}{\partial x_i} + v_i\ \frac{\partial \rho}{\partial x_i} = 0\tag{3.17}$$

und daraus nach Umformung mittels der kinematischen Bedingung (3.4) die Kontinuitätsgleichung

$$\frac{D\rho}{Dt} + \rho\ \frac{\partial v_i}{\partial x_i} = 0.\tag{3.18}$$

Für stationäre Strömungen folgt aus Gleichung 3.17

$$\frac{\partial(\rho v_i)}{\partial x_i} = 0. \tag{3.19}$$

Für Fluide mit konstanter Dichte erhält man aus (3.18) schließlich die für inkompressible Fluide gültige Form

$$\boxed{\frac{\partial v_i}{\partial x_i} = 0}\ , \tag{3.20}$$

die allen in diesem Kapitel behandelten konvektiven Wärmeübergangsproblemen zu Grunde liegt.

- **Bewegungs- (Impuls-) Gleichung**

Mit der Definition des Impulses

$$I_i \equiv \rho\ \mathrm{d}V\ v_i \tag{3.21}$$

läßt sich analog zu vorher aus dem Impulserhaltungssatz die Beziehung

$$\rho\ \mathrm{d}V\ \frac{\mathrm{D}v_i}{\mathrm{D}t} = F_i = F_{p,i} + F_{\tau,i} + F_{g,i} \tag{3.22}$$

ableiten, wobei die Kräfte auf der rechten Seite die an der Oberfläche des differentiell kleineren Volumenelementes angreifenden Druck- und Schubspannungs-Kräfte, sowie die Schwerkraft darstellen. Für diese Kräfte erhält man durch Bilanzierung im einzelnen die Ausdrücke:

- Druckkraft

$$F_{p,i} = -\ \mathrm{d}x_j\ \mathrm{d}x_k\ \frac{\partial p}{\partial x_i}\ \mathrm{d}x_i = -\ \mathrm{d}V\ \frac{\partial p}{\partial x_i} \tag{3.23}$$

- Schubspannungskräfte

$$F_{\tau,x} = \mathrm{d}V \left(\frac{\partial \tau_{xx}}{\partial x} + \frac{\partial \tau_{yx}}{\partial y} + \frac{\partial \tau_{zx}}{\partial z} \right) \quad , \text{x-Richtung} \tag{3.24}$$

$$F_{\tau,i} = dV \frac{\partial \tau_{ji}}{\partial x_j} \qquad\qquad \text{, allgemein} \qquad\qquad (3.25)$$

mit dem symmetrischen Schubspannungstensor

$$\tau_{ij} = \begin{pmatrix} \tau_{xx} & \tau_{xy} & \tau_{xz} \\ \tau_{yx} & \tau_{yy} & \tau_{yz} \\ \tau_{zx} & \tau_{zy} & \tau_{zz} \end{pmatrix} = \tau_{ji}$$

− Schwerkraft

$$F_{g,i} = dV \rho\, g_i \,. \qquad\qquad (3.26)$$

Durch Einsetzen dieser Ausdrücke für die Kräfte in Gleichung 3.22 erhält man schließlich die allgemeine Bewegungsgleichung

$$\boxed{\; \rho\, \frac{Dv_i}{Dt} = -\frac{\partial p}{\partial x_i} + \frac{\partial \tau_{ji}}{\partial x_j} + \rho\, g_i \;}\,. \qquad\qquad (3.27)$$

- **Energiegleichung**

Analog zur Bewegungsgleichung erhält man die Beziehung

$$\rho\, dV \frac{Du}{Dt} = \dot{W}_p + \dot{W}_\tau + \dot{W}_g + \dot{Q} \qquad\qquad (3.28)$$

für die totale Änderung der thermischen Energie eines Fluids. Die ersten drei Terme auf der rechten Seite stellen die von den Druckkräften, den Schubspannungskräften und der Schwerkraft geleisteten Arbeiten dar, wobei die Arbeit der Schwerkraft in der Regel vernachlässigt werden kann.

Für die beiden ersten Terme erhält man

$$\dot{W}_p = -\, p \, \frac{\partial v_i}{\partial x_i} \, \mathrm{d}V \; , \tag{3.29}$$

$$\dot{W}_\tau = \tau_{ji} \, \frac{\partial v_i}{\partial x_j} \, \mathrm{d}V \; . \tag{3.30}$$

Zusammen mit dem Wärmestrom

$$\dot{Q} = -\, \frac{\partial q_i}{\partial x_i} \, \mathrm{d}V \tag{3.31}$$

erhält man damit die thermische Energiegleichung

$$\boxed{\; \rho \, \frac{\mathrm{D}u}{\mathrm{D}t} = -\, p \, \frac{\partial v_i}{\partial x_i} + \tau_{ji} \, \frac{\partial v_i}{\partial x_j} - \frac{\partial q_i}{\partial x_i} \;} \, . \tag{3.32}$$

Der zweite Term auf der rechten Seite stellt die Dissipationsfunktion dar, beschreibt also den Teil der Arbeit der Schubspannungskräfte, der durch Dissipation (innere Reibung) in Wärme umgewandelt wird. Die Dissipationsfunktion kann in der Regel ebenfalls vernachlässigt werden. Damit erhält man

$$\boxed{\; \rho \, \frac{\mathrm{D}u}{\mathrm{D}t} = -\, p \, \frac{\partial v_i}{\partial x_i} - \frac{\partial q_i}{\partial x_i} \;} \, . \tag{3.33}$$

Mit der Definition der Enthalpie

$$h \equiv u + \frac{p}{\rho} \tag{3.34}$$

und der kalorischen Zustandsgleichung

$$\frac{\mathrm{D}h}{\mathrm{D}t} = c_p \, \frac{\mathrm{D}T}{\mathrm{D}t} + \frac{1}{\rho} \, (1 - \beta \, T) \, \frac{\mathrm{D}p}{\mathrm{D}t} \tag{3.35}$$

erhält man nach einigen Umformungen schließlich die Beziehung für inkompressible
Fluide

$$\boxed{\rho \, c_p \, \frac{\mathrm{D}T}{\mathrm{D}t} = - \frac{\partial q_i}{\partial x_i}} \ . \tag{3.36}$$

Zur Lösung dieser allgemeinen Grundgleichungen werden noch sog. kinetische Ansätze für den Schubspannungstensor τ_{ji} und den Wärmestromvektor q_i benötigt.

3.1.4 Navier-Stokes-Gleichungen

Während in der Mechanik der festen Körper Kräfte proportional zur Formänderung
sind, sind in der Thermofluidmechanik die auftretenden Kräfte proportional zur Formänderungsgeschwindigkeit. Der *Stokessche Schubspannungsansatz*, der die Spannung
proportional zur Formänderungsgeschwindigkeit setzt, führt für inkompressible Fluide
auf

$$\tau_{ji} = \eta \left(\frac{\partial v_j}{\partial x_i} + \frac{\partial v_i}{\partial x_j} \right) \ . \tag{3.37}$$

In Kap. 1.1 haben wir bereits den auf Fourier und Biot zurückgehenden *Fourierschen
Wärmeleitungsansatz* für die Wärmestromdichte

$$q_i = - \lambda \, \frac{\partial T}{\partial x_i}$$

kennengelernt, wobei die Wärmeleitfähigkeit λ im allgemeinen Fall ein symmetrischer Tensor ist. Für die Behandlung konvektiver Wärmeübergangsprobleme genügt es
in der Regel, die Wärmeleitfähigkeit λ lediglich als Funktion der Temperatur
$\lambda = \lambda \, (T)$ zu betrachten; für viele technische Aufgabenstellungen kann darüber
hinaus $\lambda = $ konst. angenommen werden.

Durch Einsetzen der beiden kinetischen Ansätze in die allgemeinen Grundgleichungen (vgl. Kap. 3.1.3) erhält man die sog. Navier-Stokes-Gleichungen, die ein vollständiges System von Gleichungen für das Geschwindigkeits-, Temperatur- und Druckfeld in einem Kontinuum bilden.

Für ein inkompressibles und stationär strömendes Fluid erhält man bei Vernachlässigung der Dissipation und unter der Annahme konstanter Stoffwerte die folgenden Gleichungen

$$\frac{\partial v_i}{\partial x_i} = 0 \, ,$$

(3.38)

$$\rho \, v_i \, \frac{\partial v_j}{\partial x_i} = - \frac{\partial p}{\partial x_j} + \eta \, \frac{\partial^2 v_j}{\partial x_i^2} \, ,$$

(3.39)

$$\rho \, c_p \, v_i \, \frac{\partial T}{\partial x_i} = \lambda \, \frac{\partial^2 T}{\partial x_i^2} \, .$$

(3.40)

Diese Gleichungen können nur für wenige Fälle unter Vorgabe der Randbedingungen analytisch gelöst werden.

Die Navier-Stokes-Gleichungen beschreiben sowohl laminare als auch turbulente Strömungen, sind also allgemein gültig. Im Gegensatz zu laminaren Strömungen sind turbulente jedoch instationär, wirbelbehaftet, dreidimensional und chaotisch. Zur numerischen Lösung der Navier-Stokes-Gleichungen für turbulente Strömungen muß deshalb das Strömungsgebiet so feinmaschig diskretisiert werden, daß auch die kleinsten Wirbelstrukturen numerisch erfaßt werden. Weil die kleinsten Wirbel in einer turbulenten Strömung von der Größe der Kolmogorov-Länge, also proportional zu $v^{3/4}$ sind, sind für typische technische Aufgabenstellungen Netzstrukturen mit mehr als 10^{13} Gitterpunkten erforderlich. Dieses Vorgehen, die sog. direkte numerische Simulation scheidet deshalb wegen der dafür erforderlichen enormen Speicherkapazität und Rechenzeit für die Lösung technisch relevanter Aufgabenstellungen aus.

Für die Lösung ingenieurmäßiger Aufgabenstellungen, bei denen meist nur wenige Eigenschaften der turbulenten Strömung, z. B. die Wandtemperatur einer turbulent überströmten ebenen Platte, interessieren, werden deshalb die Navier-Stokes-Gleichungen in geeigneter Weise gemittelt.

3.1.5 Reynolds-gemittelte Navier-Stokes-Gleichungen

Bei der Reynolds-Mittelung wird das gesamte instationäre Verhalten der Strömung der Turbulenz zugeschrieben und zeitlich gemittelt. Infolge der Nichtlinearität der Navier-Stokes-Gleichungen entstehen durch den Prozeß der Mittelung zusätzliche Terme, die unbekannt sind und die durch zusätzliche Annahmen (Modelle) beschrieben werden müssen. Wir wollen das Vorgehen hier nur grob skizzieren, eine etwas ausführlichere Darstellung findet sich z. B. bei Merker und Baumgarten (1999).

Zur Ableitung der Reynolds-gemittelten Navier-Stokes-Gleichungen spaltet man die Momentanwerte für die Geschwindigkeit in Mittelwerte und Schwankungswerte entsprechend

$$v_i \, (x_j,t) = \bar{v}_i \, (x_j) + v_i' \, (x_j,t)$$

auf. Für die Temperatur und den Druck verfährt man analog. Die Mittelwerte $\bar{v}_i$ müssen dabei zeitlich nicht konstant sein, ihre Zeitskala muß jedoch um eine Größenordnung von der für die Schwankungswerte v_i' gültigen verschieden sein, bzw. die Mittelwertbildung muß über ein geeignetes Ensemble vorgenommen werden, Ferziger und Peric (1996).

Durch Einsetzen dieser Ansätze in die Navier-Stokes-Gleichungen und anschließender Mittelwertbildung erhält man schließlich die Reynolds-gemittelten Navier-Stokes-Gleichungen, kurz Reynolds-Gleichungen. Für stationäre und inkompressible Strömungen reduzieren sich diese Gleichungen auf

$$\rho \, \bar{v}_i \, \frac{\partial \bar{v}_j}{\partial x_i} = - \frac{\partial p}{\partial x_j} + \frac{\partial}{\partial x_i} \left(\tau_{ji} - \rho \, \overline{v_i' \, v_j'} \right) , \qquad (3.41)$$

und

$$\rho \, c_p \, \bar{v}_i \, \frac{\partial \bar{T}}{\partial x_i} = - \frac{\partial}{\partial x_i} \left(q_i + \rho \, c_p \, \overline{v_i' \, T'} \right) . \qquad (3.42)$$

Diese Gleichungen unterscheiden sich formal von den ursprünglichen Navier-Stokes-Gleichungen nur durch die zusätzlich auftretenden sog. Reynoldsschen Terme, nämlich dem *Reynoldsschen Schubspannungstensor*

$$\tau_{ji,t} = -\rho \ \overline{v_i' \ v_j'} \tag{3.43}$$

und dem *Reynoldsschen Wärmestromvektor*

$$q_{i,t} = \rho \ c_p \ \overline{v_i' \ T'} \ . \tag{3.44}$$

Die Berechnung der bei der Mittelung "verloren" gegangenen Schwankungsgrößen wird im folgenden Kapitel behandelt.

3.1.6 Turbulenzmodelle

Die für technische Strömungsprobleme verwendeten Turbulenzmodelle basieren auf der Boussinesq-Approximation. Boussinesq schlug bereits 1877 vor, die Schwankungsgrößen analog zum Stokesschen Schubspannungsansatz (Kap. 3.1.4) zu modellieren. Die Wirkung der Turbulenz wird damit auf eine Vergrößerung der Viskosität zurückgeführt. Man erhält damit das *Wirbelviskositätsprinzip*

$$\boxed{-\overline{v_i' \ v_j'} = v_t \left(\frac{\partial \bar{v}_i}{\partial x_j} + \frac{\partial \bar{v}_j}{\partial x_i} \right)} , \tag{3.45}$$

wobei in Analogie zur laminaren Strömung eine turbulente Viskosität (oder Austauschgröße), die Wirbelviskosität v_t eingeführt wird.

Analog zum Fourierschen Wärmeleitungsansatz erhält man das *Wirbeldiffusionsprinzip*

$$\boxed{-\overline{v_i' \ T'} = a_t \ \frac{\partial \bar{T}}{\partial x_i}} \tag{3.46}$$

mit der zur Temperaturleitfähigkeit a analogen Wirbeldiffusion a_t.

Im Gegensatz zu den in den kinetischen Ansätzen in Kap. 3.1.4 auftretenden Stoffgrößen sind die turbulenten Transportgrößen v_t und a_t keine Stoffwerte, sondern sie
sind lokal und vom turbulenten Strömungsfeld selbst abhängig. Das Verhältnis dieser
beiden Transportgrößen wird in Analogie zu den Stoffgrößen als *turbulente Prandtl-
Zahl*

$$\boxed{Pr_t = \frac{v_t}{a_t}}$$

(3.47)

bezeichnet.

Die turbulenten Transportgrößen müssen mit sog. Turbulenzmodellen ermittelt werden. Turbulenzmodelle werden gemäß der Anzahl an partiellen Differentialgleichungen, die zu ihrer Beschreibung erforderlich sind, geordnet und als *Null-*, *Ein-* oder
Zwei-Gleichungsmodell bezeichnet.

Das Null-Gleichungs-Modell basiert auf dem von Prandtl im Jahre 1920 vorgeschlage-
nen Mischungswegkonzept und lautet

$$\boxed{v_t = l^2 \left| \frac{\partial \bar{v}_i}{\partial x_j} \right| \quad \text{für} \quad j \neq i} \, .$$

(3.48)

Die Wirbeldiffusion wird mittels

$$a_t = \frac{v_t}{Pr_t}$$

(3.49)

berechnet. Sowohl die *Mischungsweglänge* l als auch die turbulente Prandtl-Zahl Pr_t
müssen dabei aus experimentellen Daten abgeleitet werden.

Für numerische Lösungen der Reynolds-Gleichungen wird heute meist ein Zwei-
Gleichungs-Turbulenzmodell, nämlich das sog. k,ε-Modell verwendet, siehe z. B.
Merker (1987), sowie Merker und Baumgarten (1999).

3.2 Laminar durchströmte Kanäle

Wir betrachten die stationäre Strömung in einem Kanal mit konstantem Querschnitt und setzen voraus, daß die Reynolds- und die Machzahl hinreichend klein sind, so daß die Strömung als laminar und das Fluid als inkompressibel betrachtet und der Dissipationsterm in der Energiegleichung vernachlässigt werden kann. Wir nehmen ferner an, daß die Stoffwerte konstant sind. Unter diesen Voraussetzungen gelten die Navier-Stokes-Gleichungen (3.38 - 3.40)

$$\frac{\partial v_i}{\partial x_i} = 0,$$

$$\rho \, v_i \, \frac{\partial v_j}{\partial x_i} = -\frac{\partial p}{\partial x_j} + \eta \, \frac{\partial^2 v_j}{\partial x_i^2} \, ,$$

$$\rho \, c_p \, v_i \, \frac{\partial T}{\partial x_i} = \lambda \, \frac{\partial^2 T}{\partial x_i^2} \, .$$

Bei der Kanalströmung unterscheiden wir zwei Bereiche, nämlich die Strömung im Einlaufbereich, innerhalb dessen sich das Geschwindigkeits- und das Temperaturprofil mit der Kanallänge ändern und den abgeschlossenen Einlauf mit voll ausgebildeter Strömung, in dem das Geschwindigkeitsprofil unabhängig von der Längskoordinate ist und die Nußeltzahl einen konstanten Wert erreicht hat, siehe Abb. 3.2.

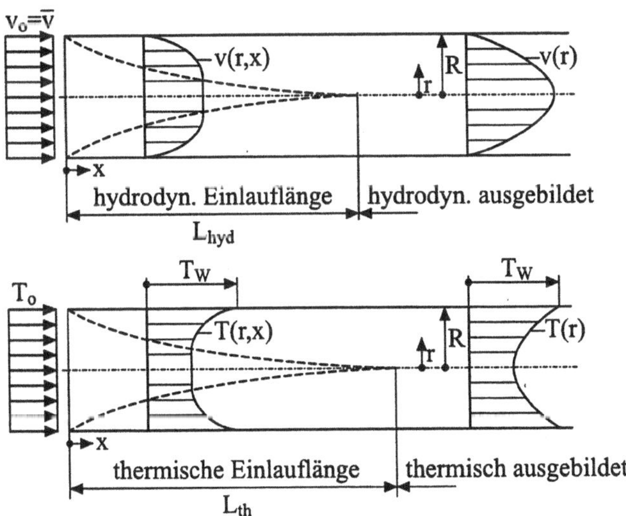

Abb. 3.2: Entwicklung des Geschwindigkeits- und Temperturprofiles bei der Rohrströmung

3.2.1 Voll ausgebildete Rohrströmungen

Weil sich das Geschwindigkeitsprofil nach abgeschlossenem Einlauf mit der Rohrlänge nicht mehr ändert, gilt dafür

$$v_1 = v_1\left(x_2, x_3\right) \; , \quad v_2 = v_3 = 0 \; .$$

Mit $v = v_1$, $x_2 = y$, $x_3 = z$ und beim Übergang auf Zylinderkoordinaten folgt damit aus den obigen Gleichungen

$$\frac{\partial v}{\partial x} = 0 \tag{3.50}$$

$$\frac{\partial p}{\partial x} = \eta\left(\frac{\partial^2 v}{\partial x^2} + \frac{\partial^2 v}{\partial y^2} + \frac{\partial^2 v}{\partial z^2}\right) \Rightarrow \eta\left(\frac{\partial^2 v}{\partial x^2} + \frac{\partial^2 v}{\partial r^2} + \frac{1}{r}\frac{\partial v}{\partial r}\right) \tag{3.51}$$

$$\frac{\partial p}{\partial y} = 0 \tag{3.52}$$

$$\frac{\partial p}{\partial z} = 0 \tag{3.53}$$

$$\rho\, c_p\, v\, \frac{\partial T}{\partial x} = \lambda\left(\frac{\partial^2 T}{\partial x^2} + \frac{\partial^2 T}{\partial y^2} + \frac{\partial^2 T}{\partial z^2}\right) \Rightarrow \lambda\left(\frac{\partial^2 T}{\partial x^2} + \frac{\partial^2 T}{\partial r^2} + \frac{1}{r}\frac{\partial T}{\partial r}\right) . \tag{3.54}$$

Weil das Geschwindigkeitsprofil voll ausgebildet ist, ist $\partial^2 v/\partial x^2$ gleich Null und die zweite Ableitung (Krümmung) in radialer Zylinderrichtung $\partial^2 v/\partial^2 r$ hat an jeder Stelle x den gleichen Wert. Damit ist entsprechend

$$\frac{\partial p}{\partial x} = \eta\left(\frac{\partial^2 v}{\partial x^2} + \frac{\partial^2 v}{\partial r^2} + \frac{1}{r}\frac{\partial v}{\partial r}\right) = \eta\,\frac{1}{r}\frac{\partial}{\partial r}\left(r\,\frac{\partial v}{\partial r}\right) \tag{3.55}$$

auch der Druckgradient unabhängig von x.

Mit der Annahme, daß das Temperaturfeld in radialer Richtung wesentlich stärker als in axialer gekrümmt ist, kann die axiale Wärmeleitung und damit der Term $\partial^2 T / \partial x^2$ in der Energiegleichung vernachlässigt werden.

Man erhält damit

$$\frac{1}{r} \frac{\mathrm{d}}{\mathrm{d}r} \left(r \, \frac{\mathrm{d}v}{\mathrm{d}r} \right) = \frac{1}{\eta} \frac{\mathrm{d}p}{\mathrm{d}x} = B = \text{konst.} \tag{3.56}$$

$$v \, \frac{\partial T}{\partial x} = a \, \frac{1}{r} \frac{\partial}{\partial r} \left(r \, \frac{\partial T}{\partial r} \right) \tag{3.57}$$

mit $v = v(r)$ und $T = T(r, x)$, sowie der Temperaturleitfähigkeit $a = \lambda / (\rho \, c_p)$.

- **Geschwindigkeitsprofil**

Die Bewegungsgleichung kann bei konstanter Zähigkeit η des Fluids unabhängig von der Energiegleichung integriert werden. Man erhält

$$v = B \, \frac{r^2}{4} + C \ln r + D \tag{3.58}$$

und daraus mit der Haftbedingung

$$v \big|_{r = R} = 0$$

und der Symmetriebedingung

$$\frac{\partial v}{\partial r} \bigg|_{r = 0} = 0$$

das parabolische Geschwindigkeitsprofil

$$v\,(r) = -\frac{R^2}{4\,\eta}\left[1 - \left(\frac{r}{R}\right)^2\right]\frac{\mathrm{d}p}{\mathrm{d}x}\,.$$

(3.59)

Die Integration über den Radius liefert für den Volumenstrom

$$\dot{V} = \int_0^R 2\,\pi\;r\,v(r)\;\mathrm{d}r = -\frac{R^4\,\pi}{8\,\eta}\frac{\mathrm{d}p}{\mathrm{d}x}\;.$$

(3.60)

Mit der Definition der mittleren (volumetrischen) Strömungsgeschwindigkeit

$$v_m = \frac{\dot{V}}{R^2\,\pi} = -\frac{R^2}{8\,\eta}\frac{\mathrm{d}p}{\mathrm{d}x}$$

(3.61)

folgt damit für das Geschwindigkeitsprofil im Rohr

$$\frac{v\,(r)}{v_m} = 2\left[1 - \left(\frac{r}{R}\right)^2\right]\,.$$

(3.62)

- **Temperaturprofil und Wärmeübergang**

Setzt man das berechnete Geschwindigkeitsprofil in die Energiegleichung ein, dann folgt

$$2\,v_m\left[1 - \left(\frac{r}{R}\right)^2\right]\frac{\mathrm{d}T}{\mathrm{d}x} = a\,\frac{1}{r}\frac{\partial}{\partial r}\left(r\,\frac{\partial T}{\partial r}\right)\,.$$

(3.63)

Für den Fall, daß sich die Temperatur im Fluid und in der Wand linear mit der Rohrlänge ändern, also $T(x,r) = T_0 + Ax + T(r)$ ist, ist die Differentialgleichung einfach lösbar. Mit der Steigung $A = \mathrm{d}T/\mathrm{d}x$ erhält man nach der ersten Integration

$$\frac{2\,v_m}{a}\left[\frac{r^2}{2} - \frac{r^4}{4\,R^2} + C\right] A = r\,\frac{\partial T}{\partial r} \tag{3.64}$$

und nach der zweiten

$$\frac{2\,v_m}{a}\left[\frac{r^2}{4} - \frac{r^4}{16\,R^2} + C\ln r + D\right] A = T(r)\ . \tag{3.65}$$

Mit der Randbedingung an der Rohrwand

$$T(r)\big|_{r=R} = 0$$

und der Symmetriebedingung in der Rohrachse

$$\left.\frac{\partial T}{\partial r}\right|_{r=0} = 0$$

erhält man schließlich für das Temperaturprofil im Fluid

$$T(r,x) = T_0 + Ax + A\,\frac{v_m\,R^2}{8a}\left[4\left(\frac{r}{R}\right)^2 - \left(\frac{r}{R}\right)^4 - 3\right]\ . \tag{3.66}$$

Durch Differenzieren folgt für die Wärmestromdichte an der Rohrwand

$$q_W = -\lambda\left.\frac{\partial T}{\partial r}\right|_{r=R} = \lambda\,A\,\frac{v_m\,R}{2a}\ . \tag{3.67}$$

Man erkennt, daß der Fall $\mathrm{d}T/\mathrm{d}x = $ konst. identisch ist mit dem Fall $q_W = $ konst.

Für die kalorische Mitteltemperatur

$$T_m = \frac{1}{R^2\,\pi\,v_m} \int\limits_0^R 2\,r\,\pi\,v(r)\,T(r)\,\mathrm{d}r \tag{3.68}$$

erhält man mit (3.62) und (3.66)

$$T_m = T_W - \frac{11}{48}\,A\,\frac{R^2\,v_m}{a} \tag{3.69}$$

und damit für den Wärmeübergangskoeffizienten

$$\alpha \equiv \frac{q_W}{T_W - T_m} = \frac{48}{11}\,\frac{\lambda}{2\,R} \tag{3.70}$$

bzw. mit $d = 2\,R$ für die Nußeltzahl bei konstanter Wandwärmestromdichte (Index q) und abgeschlossenem Einlauf (Index ∞)

$$\boxed{Nu_{q,\infty} = \frac{\alpha\,d}{\lambda} = \frac{48}{11} = 4{,}36\overline{36}}\ . \tag{3.71}$$

Bei der laminaren Rohrströmung ist die Nußeltzahl konstant und der Wärmeübergangskoeffizient umgekehrt proportional zum Rohrdurchmesser. Im Hinblick auf einen möglichst hohen Wärmeübergangskoeffizienten haben deshalb z. B. die in regenerativen Gasturbinen eingesetzten keramischen Regeneratoren Kanaldurchmesser von weniger als einem Millimeter.

Im Gegensatz zum Fall $q_W = $ konst. steigt für $T_W = $ konst. die kalorische Mitteltemperatur exponentiell mit der Rohrlänge x an und nähert sich asymptotisch der Wandtemperatur. Bemerkenswert ist dabei die Tatsache, daß sowohl die Temperaturdifferenz $(T_W - T_m)$ als auch der Temperaturgradient an der Wand mit der Rohrlänge x asymptotisch gegen Null streben, das Verhältnis dieser beiden Größen, nämlich der Wärmeübergangskoeffizient, aber dem endlichen Grenzwert

$$Nu_{T,\infty} = 3{,}6568 \tag{3.72}$$

zustrebt.

- **Druckverlustkoeffizient**

Für das in Abb. 3.3 dargestellte Volumenelement liefert eine Kräftebilanz die Beziehung

$$\frac{\mathrm{d}p}{\mathrm{d}x} = \frac{2}{R}\,\tau_W \;. \tag{3.73}$$

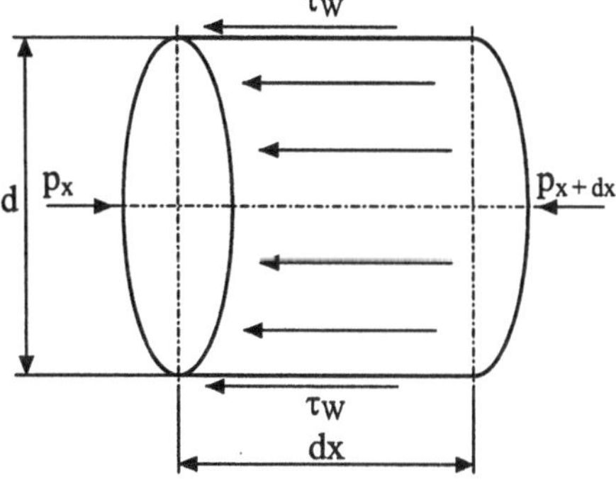

Abb. 3.3: Kräftebilanz an einem Fluid-Element

Durch Differenzieren der Beziehung für das Geschwindigkeitsprofil erhält man für die Wandschubspannung

$$\tau_W = -\eta\,\frac{\partial v}{\partial r}\bigg|_{r=R} = 4\,\eta\,\frac{v_m}{R}\;. \tag{3.74}$$

Der Druckabfall im Rohr ist demnach proportional zur mittleren Strömungsgeschwindigkeit und umgekehrt proportional zum Quadrat des Rohrradius bzw. Rohrdurchmessers. Trotzdem wird auch bei laminarer Rohrströmung der Druckgradient $\mathrm{d}p/\mathrm{d}x$ proportional zum Staudruck $\rho\, v_m^2/2$ und umgekehrt proportional zum Radius bzw. Rohrdurchmesser gesetzt,

$$\frac{\mathrm{d}p}{\mathrm{d}x} \equiv \xi\; \frac{1}{d}\; \frac{\rho\; v_m^2}{2}\;. \tag{3.75}$$

Der "Beiwert" ξ ist dabei der Druckverlustkoeffizient nach Darcy, der gelegentlich auch als Rohrreibungszahl λ bezeichnet wird. In der angelsächsischen Literatur wird dagegen meist der Druckverlustkoeffizient f nach Fanning verwendet. Zwischen diesen beiden Koeffizienten besteht der Zusammenhang $\xi = 4\,f$.

Durch Umstellung und Einsetzen der Kräftebilanz (3.73) erhält man aus (3.75) zunächst

$$\xi = \frac{2\,R}{\dfrac{\rho\; v_m^2}{2}}\; \frac{\mathrm{d}p}{\mathrm{d}x} = \frac{8\,\tau_W}{\rho\; v_m^2} \tag{3.76}$$

und daraus durch Einsetzen von (3.74) und der Reynoldszahl $Re = v_m\, d/v$ schließlich

$$\xi = \frac{64}{Re}\;. \tag{3.77}$$

Bei laminarer und voll ausgebildeter Strömung ist der Druckverlustkoeffizient umgekehrt proportional zur Reynoldszahl.

3.2.2 Wärmeübergang im Einlaufbereich

Im Einlaufbereich eines Kanals sind sowohl das Geschwindigkeits- als auch das Temperaturprofil von der Lauflänge x abhängig. Die hydrodynamische Einlauflänge L_{hyd} ist dabei die Länge, innerhalb derer sich das Geschwindigkeitsprofil vom Kolbenprofil am Kanaleintritt bis hin zum voll ausgebildeten Profil entwickelt, und die thermische Einlauflänge L_{th} ist die dazu analoge für das Temperaturprofil.

Der Druckverlust und der Wärmeübergang im Einlaufbereich werden zweckmäßigerweise als Summe zweier Anteile dargestellt, nämlich demjenigen für die voll entwickelte Strömung und dem zusätzlich im Einlaufbereich auftretenden. Damit erhält man für den Druckverlustkoeffizienten

$$\xi \; Re = \xi_\infty \, Re + K \, (x^+) \tag{3.78}$$

und für die Nußeltzahl

$$Nu = Nu_\infty + N \, (x^*, Pr) \; , \tag{3.79}$$

wobei

$$x^+ = \frac{x}{d_{hyd} \; Re}$$

die charakteristische dimensionslose Längenkoordinate für den hydraulischen und

$$x^* = \frac{x}{d_{hyd} \; Re \; Pr}$$

diejenige für den thermischen Einlaufbereich ist.

Es ist unmittelbar einsichtig, daß man zwischen den drei Fällen

- hydrodynamischer Einlauf, thermisch voll entwickelt,
- thermischer Einlauf, hydrodynamisch voll entwickelt und
- simultaner hydrodynamischer und thermischer Einlauf

unterscheiden muß.

Wir beschränken uns im folgenden weiterhin auf Kreisrohre.

- **Hydrodynamischer Einlauf**

Die Berechnung des Geschwindigkeitsprofils und des Druckverlustes im Einlaufbereich ist ein rein strömungsmechanisches Problem. Für den Druckverlustkoeffizienten empfiehlt Shah (1978) die empirische Korrelationsgleichung

$$\xi\ Re = \frac{13{,}76}{\sqrt{x^+}} + \frac{\xi_\infty\ Re + \dfrac{K\ (\infty)}{x^+} - \dfrac{13{,}76}{\sqrt{x^+}}}{1 + \dfrac{C}{(x^+)^2}} \tag{3.80}$$

mit $\xi\ Re = 64$, $K\ (\infty) = 1{,}25$ und $C = 21 \cdot 10^{-5}$, die die numerisch berechneten Werte im gesamten Einlaufbereich mit einer Genauigkeit von 3 % wiedergibt.

Unter der *hydrodynamischen Einlauflänge* versteht man die Länge, nach der die Geschwindigkeit in der Achse 99 % der Geschwindigkeit des voll entwickelten Profils erreicht hat. Dafür gilt die Beziehung

$$L^+_{hyd} = \frac{L_{hyd}}{d\ Re} = 0{,}056 + \frac{0{,}60}{Re\ (1 + 0{,}035\ Re)}\ . \tag{3.81}$$

Die Einlauflänge L_{hyd} nimmt bei der laminaren Rohrströmung nahezu linear mit der Reynoldszahl zu. Abb. 3.4 zeigt die Entwicklung des Geschwindigkeitsprofils über der dimensionslosen Rohrlänge x^+.

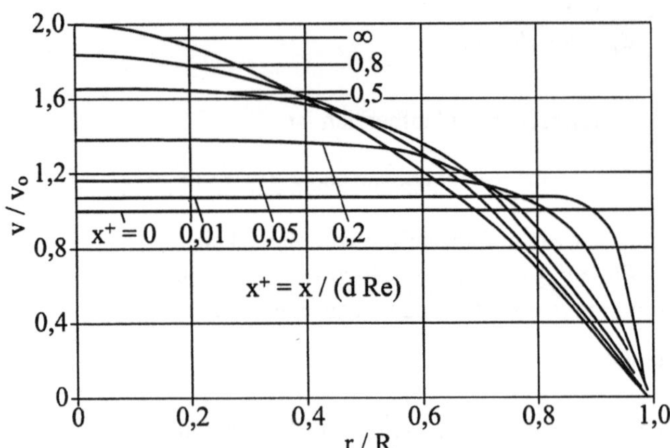

Abb. 3.4: Entwicklung des Geschwindigkeitsprofiles

• Thermischer Einlauf

a) Temperatur T_W = konst.

Unter der *thermischen Einlauflänge* versteht man die Länge eines beheizten oder gekühlten Rohres, innerhalb derer die lokale Nußeltzahl auf das 1,05-fache der Nußeltzahl Nu_∞ für die voll entwickelte Strömung abgesunken ist. Shah und London (1978) geben für die dimensionslose thermische Einlauflänge den konstanten Zahlenwert

$$L_{th}^* = \frac{L_{th}}{Re\ Pr\ d} = 0,0335 \tag{3.82}$$

an.

Abb. 3.5 zeigt die Entwicklung des dimensionslosen Temperaturprofils $\Theta\ (r/R) = (T\ (x,r) - T_W)/(T_0 - T_W)$ in Abhängigkeit der dimensionslosen thermischen Länge x^* für die hydraulisch voll ausgebildete Rohrströmung.

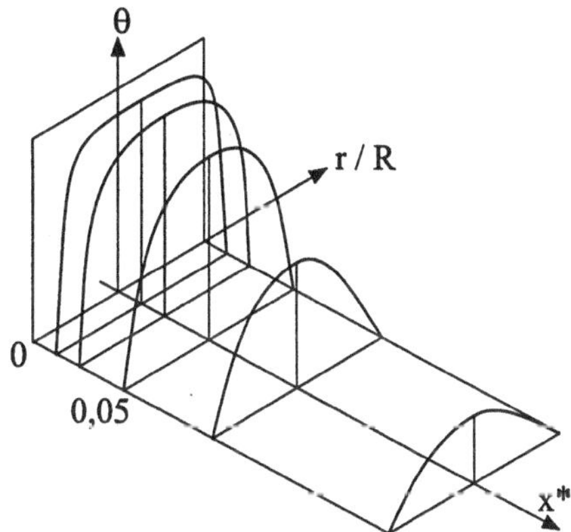

Abb. 3.5: Entwicklung des Temperaturprofiles

Für die mittlere Nußeltzahl hat Hausen (1959) die Beziehung

$$Nu_m = 3,657 + \frac{0,19\ (x^*)^{-0,8}}{1 + 0,117\ (x^*)^{-0,467}} \tag{3.83}$$

vorgeschlagen, die für $x^* \to \infty$ den Grenzwert $Nu_\infty = 3{,}657$ und für $x^* \to 0$ die theoretische Lösung richtig wiedergibt.

b) Wärmestromdichte q_W = konst.

Für die thermische Einlauflänge erhält man

$$L_{th}^* = \frac{L_{th}}{Re\ Pr\ d} = 0{,}0431 \tag{3.84}$$

und für die Nußeltzahl geben Shah und London (1978) die Beziehung

$$Nu_m = \begin{cases} 1{,}953\ (x^*)^{-1/3} & \text{für} & x^* \leq 0{,}03 \\ 4{,}364 + 0{,}0722/x^* & \text{für} & x^* \geq 0{,}03 \end{cases} \tag{3.85}$$

an.

- **Simultaner Einlauf**

a) Temperatur T_w = konst.

Für die thermische Einlauflänge wird die Beziehung

$$L_{th}^* = \begin{cases} 0{,}037 & \text{für} & Pr = 0{,}7 \\ 0{,}033 & \text{für} & Pr \to \infty \end{cases} \tag{3.86}$$

und für die mittlere Nußeltzahl die Korrelation

$$\boxed{Nu_m = 3{,}657 + \frac{0{,}0677\ (x^*)^{-4/3}}{1 + 0{,}1\ Pr\ (x^+)^{-0{,}83}}} \tag{3.87}$$

angegeben.

Abb. 3.6 zeigt den Verlauf der mittleren Nußeltzahl in Abhängigkeit der dimensionslosen thermischen Länge x^* für unterschiedliche Prandtlzahlen. Die Kurve für

$Pr \rightarrow \infty$ ist dabei identisch mit derjenigen für den thermischen Einlauf bei hydraulisch voll entwickelter Strömung, weil für $Pr \rightarrow \infty$ das Verhältnis $L_{th}/L_{hyd} \rightarrow \infty$ geht, d. h. das Geschwindigkeitsprofil kann vom Rohreintritt an als voll ausgebildet betrachtet werden.

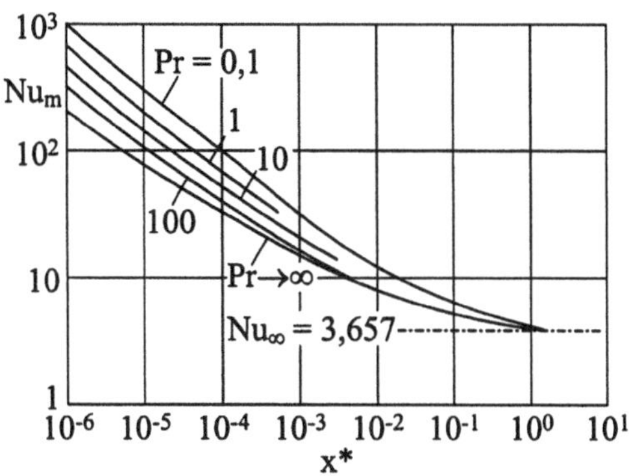

Abb. 3.6: Mittlere Nußelt-Zahl

b) Wärmestromdichte q_W = konst.

Für die thermische Einlauflänge wird die Beziehung

$$L_{th}^* = \begin{cases} 0{,}053 & \text{für} \quad Pr - 0{,}7 \\ 0{,}043 & \text{für} \quad Pr \rightarrow \infty \end{cases} \tag{3.88}$$

und für die mittlere Nußeltzahl die empirische Korrelationsbeziehung

$$Nu_m = 4{,}364 + \frac{0{,}01\,(x^*)^{-1{,}33}}{1 + 0{,}0226\,Pr^{0{,}155}\,(x^+)^{-0{,}829}} \tag{3.89}$$

angegeben. Abb. 3.7 zeigt den Verlauf der mittleren Nußeltzahl für den thermischen und simultanen Einlauf in Abhängigkeit der dimensionslosen Länge x^*. Man erkennt, daß der Wärmeübergang beim simultanen Einlauf für kleiner werdende x^* zunehmend besser wird.

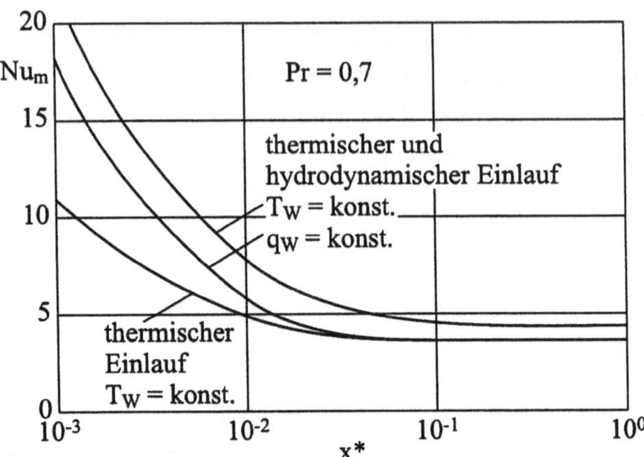

Abb. 3.7: Wärmeübergang beim thermischen und simultanen Einlauf im laminar
durchströmten Rohr

Beziehungen für nichtkreisförmige Kanäle, Aussagen zum Einfluß der temperaturabhängigen Stoffwerte, der axialen Wärmeleitung sowie dem der freien Konvektion finden sich z. B. bei Merker (1987).

3.3 Turbulent durchströmte Kanäle

Auch bei der turbulenten Rohrströmung existiert am Rohranfang ein Einlaufbereich,
innerhalb dessen sich das Geschwindigkeits- und Temperaturprofil vom Pfropfenprofil
am Eintritt bis zum voll ausgebildeten Profil entwickeln. Im Gegensatz zur laminaren
Strömung ist dieser Einlaufbereich jedoch von untergeordneter Bedeutung, weil die
Profile nach einer Länge von 10 bis 15 Rohrdurchmessern bereits voll entwickelt sind.
Wir betrachten deshalb im folgenden nur die voll entwickelte Strömung.

Das Geschwindigkeits- und das Temperaturprofil in einer turbulenten Rohrströmung
werden durch die in Kap. 3.1.6 abgeleiteten Reynolds-gemittelten Navier-Stokes-
Gleichungen, den sog. Reynolds-Gleichungen beschrieben. Für die Mittelwerte der
Geschwindigkeit und Temperatur erhält man analog zur laminaren Strömung die
Kontinuitäts-, Bewegungs- und Energiegleichung in Zylinderkoordinaten

$$\frac{\partial \bar{v}}{\partial x} = 0$$

$$\frac{1}{\rho} \frac{d\bar{p}}{dx} = \frac{1}{r} \frac{d}{dr} \left[r \, (v + v_t) \, \frac{d\bar{v}}{dr} \right] \qquad (3.90)$$

$$\bar{v} \, \frac{\partial \bar{T}}{\partial x} = \frac{1}{r} \frac{\partial}{\partial r} \left[r \, (a + a_t) \, \frac{d\bar{T}}{dr} \right].$$

Mit Turbulenzmodellen zur Berechnung der Wirbelviskosität v_t und Wirbeldiffusion a_t sind die Gleichungen im Prinzip lösbar; in der Regel jedoch nur mittels geeigneter numerischer Verfahren. Im Hinblick auf ein tieferes Verständnis der physikalischen Zusammenhänge wollen wir im folgenden den Wärmeübergang mit Hilfe der Analogie zwischen Impuls- und Wärmetransport berechnen und geben dafür zunächst Näherungsbeziehungen für das Geschwindigkeits- und das Temperaturprofil an.

3.3.1 Geschwindigkeitsprofil

Mit einem für die Rohrströmung geeigneten Ansatz für die Wirbelviskosität v_t läßt sich das in Abb. 3.8 dargestellte Geschwindigkeitsprofil

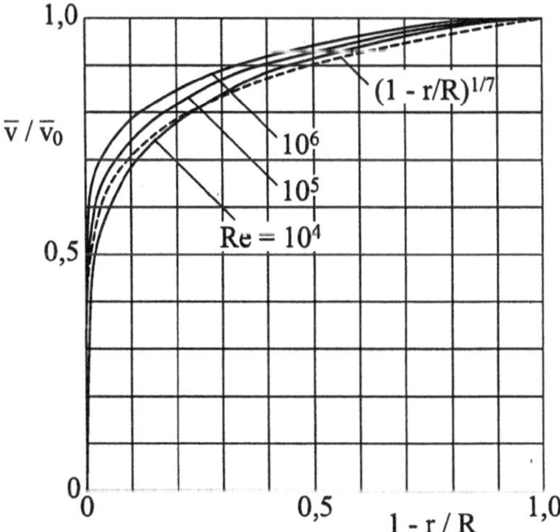

Abb. 3.8: Dimensionsloses Geschwindigkeitsprofil, turbulente Rohrströmung

$$\frac{\bar{v}}{\bar{v}_0} = f_s\left(\frac{r}{R},\, Re\right) \tag{3.91}$$

numerisch berechnen, wenn mit $\bar{v}_0$ die maximale mittlere Strömungsgeschwindigkeit in der Rohrmitte bezeichnet wird. Man erkennt, daß das Geschwindigkeitsprofil mit steigender Reynoldszahl fülliger wird. Zum Vergleich ist das für Näherungsrechnungen häufig verwendete und von der Reynoldszahl unabhängige 1/7-Potenzgesetz

$$\boxed{\frac{\bar{v}}{\bar{v}_0} = \left(1 - \frac{r}{R}\right)^{1/7}} \tag{3.92}$$

mit eingezeichnet, das für mittlere Reynoldszahlen $10^4 < Re < 10^5$ im wandnahen Bereich gut mit den genaueren Werten übereinstimmt. Für die mittlere Strömungsgeschwindigkeit folgt daraus

$$\frac{\bar{v}_m}{\bar{v}_0} = 0{,}817\,. \tag{3.93}$$

3.3.2 Temperaturprofil

Mit einem weiteren Ansatz für die Wirbeldiffusion a_t und dem bereits berechneten Geschwindigkeitsprofil $f\,(r/R,\, Re)$ können mit der Energiegleichung Temperaturprofile

$$\frac{\bar{T} - T_W}{T_0 - T_W} = f_T\left(\frac{r}{R},\, Re,\, Pr\right) \tag{3.94}$$

numerisch ermittelt werden. In Abb. 3.9 sind berechnete Temperaturprofile für $Re = 5 \cdot 10^4$ und drei verschiedene Prandtlzahlen dargestellt. Eingezeichnet ist ferner das zum Geschwindigkeitsprofil analoge 1/7-Potenzgesetz für das Temperaturprofil

$$\boxed{\dfrac{\overline{T} - T_W}{T_0 - T_W} = \left(1 - \dfrac{r}{R}\right)^{1/7}} \;,$$

$$(3.95)$$

das den Einfluß der Reynolds- und Prandtlzahl nicht berücksichtigt und deshalb nur für $Pr \approx 1$ und $10^4 < Re < 10^5$ eine hinreichende Näherung darstellt. Eine ausführliche Darstellung der Berechnung des Temperaturprofils findet sich bei Merker (1987).

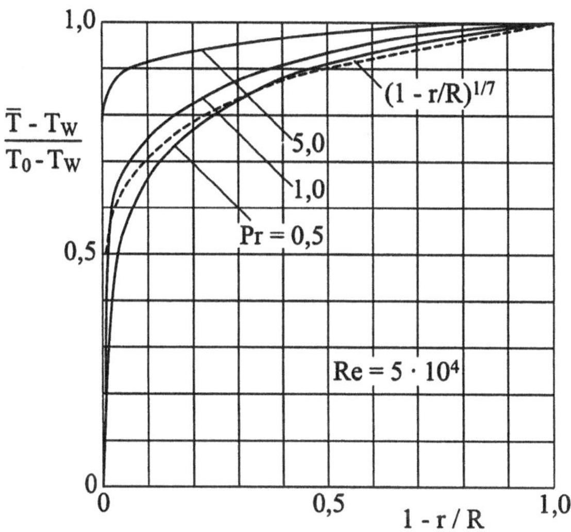

Abb. 3.9: Dimensionsloses Temperaturprofil, turbulente Rohrströmung

3.3.3 Analogie zwischen Wärme- und Impulstransport

Für die Berechnung des Wärmeübergangs in der turbulenten Rohrströmung wollen wir die Analogie zwischen Impuls- und Wärmeübertragung anwenden. Wir betrachten zunächst die für $Pr = 1$ gültige Reynoldsanalogie und anschließend die Prandtlanalogie, um den Einfluß der Prandtlzahl darzustellen.

Bei der turbulenten Rohrströmung erhält man für die Schubspannung und die Wärmestromdichte

$$\tau = \rho \; v \left(1 + \frac{v_t}{v}\right) \frac{\mathrm{d}\bar{v}}{\mathrm{d}y} \;,\tag{3.96}$$

$$q = -\lambda \left(1 + \frac{a_t}{a}\right) \frac{\mathrm{d}\bar{T}}{\mathrm{d}y} \;.\tag{3.97}$$

Die wandnahe Schicht, die Grenzschicht, läßt sich demnach näherungsweise in zwei Schichten aufspalten, in eine viskose Unterschicht mit

$$\left(\frac{v_t}{v}, \frac{a_t}{a}\right) \ll 1$$

und eine voll turbulente Schicht mit

$$\left(\frac{v_t}{v}, \frac{a_t}{a}\right) \gg 1.$$

Während die Reynoldsanalogie die viskose Unterschicht vernachlässigt, betrachtet die Prandtlanalogie beide Schichten.

- **Reynoldsanalogie**

Abb. 3.10 zeigt das der Reynoldsanalogie zugrunde liegende Geschwindigkeitsprofil.

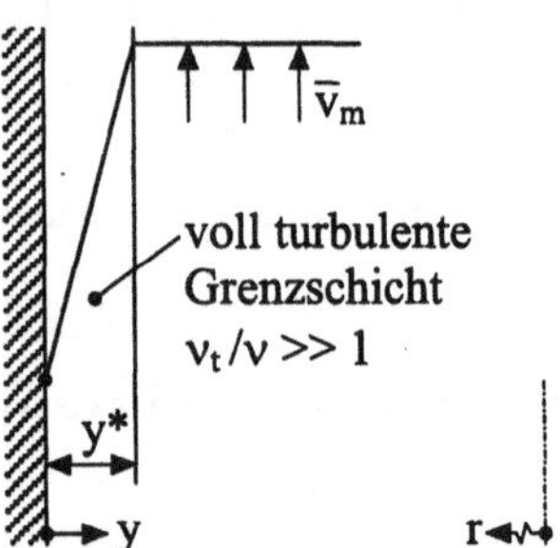

Abb. 3.10: Geschwindigkeitsprofil bei der Reynoldsanalogie

In einer dünnen und voll turbulenten Grenzschicht steigt die Geschwindigkeit linear vom Wert Null an der Wand bis auf den Wert $\bar{v}_m$ am äußeren Rand der Grenzschicht $y = y^*$ an; dies gilt analog für die Temperaturgrenzschicht. Für diese voll turbulente

Schicht reduzieren sich die Ansätze für die Schubspannung und die Wärmestromdichte auf

$$\tau = \rho \ v_t \ \frac{\mathrm{d}\overline{v}}{\mathrm{d}y} \ , \tag{3.98}$$

$$q = - \ \rho \ c_p \ a_t \ \frac{\mathrm{d}\overline{T}}{\mathrm{d}y} \ . \tag{3.99}$$

Reynolds hat nun angenommen, daß dem Impuls- und dem Wärmetransport in turbulenten Strömungen der gleiche Mechanismus zugrunde liegt, also $v_t = a_t$ bzw. $Pr_t = 1$. Damit folgt

$$\frac{\tau}{q} = - \ \frac{\mathrm{d}\overline{v}}{c_p \ \mathrm{d}\overline{T}} \ . \tag{3.100}$$

Berücksichtigt man weiter, daß sich Schubspannung und Wärmestromdichte über den Rohrradius linear ändern,

$$\frac{\tau}{q} = \frac{\tau_W}{q_W} \tag{3.101}$$

und daß sich entsprechend Abb. 3.10 auch die Geschwindigkeit und die Temperatur in der Grenzschicht linear ändern, so folgt aus der Integration von $y = 0$ bis $y = y^*$

$$\frac{\tau_W}{q_W} = \frac{\overline{v}_m}{c_p \ (\overline{T}_m - T_W)} \ . \tag{3.102}$$

Für die Stantonzahl St erhält man damit

$$St \equiv \frac{\tau_W}{\rho \ \overline{v}_m^2} = \frac{q_W}{\rho \ c_p \ \overline{v}_m \ (\overline{T}_m - T_W)} \ . \tag{3.103}$$

Mit der für die laminare Strömung abgeleiteten Beziehung zwischen Druckverlustkoeffizient ξ und Wandschubspannung τ_W, folgt damit aus der Reynoldsanalogie

$$\boxed{St = \frac{\xi}{8}} \, . \tag{3.104}$$

Die Reynoldsanalogie gilt entsprechend ihren Voraussetzungen für den Grenzfall $Re \to \infty$ und für $Pr \approx 1$.

- **Prandtlanalogie**

Um den Einfluß der Prandtlzahl zu berücksichtigen, betrachten wir nun zusätzlich zur voll turbulenten Grenzschicht auch die viskose Unterschicht, siehe Abb. 3.11.

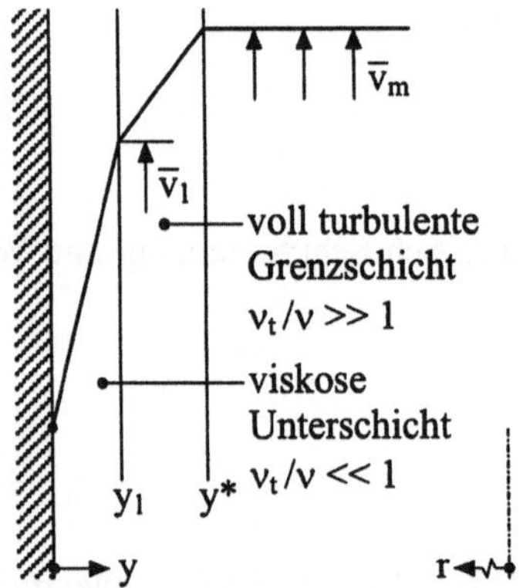

Abb. 3.11: Geschwindigkeitsprofil bei der Prandtlanalogie

Für die viskose Unterschicht mit $v_t/v \ll 1$ und $a_t/a \ll 1$ folgt mit der Prandtlzahl $Pr = v/a$ und den Gleichungen 3.96 und 3.97 die Beziehung

$$\frac{\tau_w}{q_w} = -\frac{Pr}{c_p} \frac{\mathrm{d}\bar{v}}{\mathrm{d}\bar{T}} \tag{3.105}$$

und daraus durch Integration über die viskose Unterschicht·von $y = 0$ bis $y = y_1$

$$\frac{\tau_w}{q_w} = \frac{Pr}{c_p} \frac{\bar{v}_1}{T_w - \bar{T}_1} \, , \tag{3.106}$$

wenn wir mit $\bar{v}_1$ und T_1 die Geschwindigkeit und die Temperatur am äußeren Rand der viskosen Unterschicht bezeichnen. Für die voll turbulente Grenzschicht gilt analog zu vorher

$$\frac{\tau_W}{q_W} = \frac{\bar{v}_m - \bar{v}_1}{c_p \, (\bar{T}_1 - \bar{T}_m)} \; . \tag{3.107}$$

Die Elimination der unbekannten Temperatur T_1 aus den letzten beiden Gleichungen führt auf

$$c_p \, (T_W - \bar{T}_m) = \frac{q_W}{\tau_W} \, \bar{v}_m \left[1 + \frac{\bar{v}_1}{\bar{v}_m} \, (Pr - 1) \right] . \tag{3.108}$$

Mit der Definition der Stantonzahl (Gl. 3.103) und der des Druckverlustkoeffizienten (Gl. 3.75) erhält man daraus die Beziehung

$$\boxed{St = \frac{\dfrac{\xi}{8}}{1 + \dfrac{\bar{v}_1}{\bar{v}_m} \, (Pr - 1)}} \; . \tag{3.109}$$

Aus dem universellen Geschwindigkeitsgesetz folgt nach Merker (1987) die Beziehung

$$\frac{\bar{v}_1}{\bar{v}_m} = 10{,}8 \, \sqrt{\frac{\xi}{8}} \tag{3.110}$$

und damit für die Stantonzahl

$$\boxed{St = \frac{\dfrac{\xi}{8}}{1 + 10{,}8 \, \sqrt{\dfrac{\xi}{8}} \, (Pr - 1)}} \; . \tag{3.111}$$

Für $Pr = 1$ ist die Prandtlanalogie identisch mit der Reynoldsanalogie. Wegen der Annahme $Pr_t = 1$ gilt sie jedoch ebenfalls nur für große Reynoldszahlen, strenggenommen im Grenzfall $Re \rightarrow \infty$, und wegen der Annahme eines Zweischichten-Modells für den wandnahen Bereich nur für $0{,}5 < Pr < 5$. Trotz dieser Einschränkungen ist die Struktur aller aus der Prandtlanalogie folgenden Beziehungen für die Stantonzahl identisch mit der im nachfolgenden Kapitel vorgestellten "exakten Lösung". Darin liegt der große Vorteil der Analogie, sie liefert "physikalisch richtige" Beziehungen für den Wärmeübergang.

3.3.4 Wärmeübergangsbeziehungen

Anhand von numerisch berechneten Werten hat Petukhov (1970) die empirische Korrelationsgleichung

$$\frac{Nu_{m,q}}{Re\ Pr} = St_{m,q} = \frac{\dfrac{\xi}{8}}{1{,}07 + 12{,}7\ \sqrt{\dfrac{\xi}{8}}\ \left(Pr^{2/3} - 1\right)},$$

$$10^4 < Re < 10^6, \qquad 0{,}5 < Pr < 2000, \tag{3.112}$$

für den Wärmeübergang bei der turbulenten Wärmeströmung mit $q_W = $ konst. angegeben. Für Gase mit Prandtlzahlen im Bereich $0{,}6 < Pr < 0{,}9$ kann diese Beziehung näherungsweise durch

$$Nu_{m,q} = 5 + 0{,}012\ Re^{0,83}\ (Pr + 0{,}29) \tag{3.113}$$

ersetzt werden.

Für Prandtlzahlen in der Nähe von Eins und für relativ niedrige Reynoldszahlen $Re < 10^5$ kann die einfache Potenzgleichung

$$Nu_{m,q} = 0{,}022\ Pr^{1/2}\ Re^{0,8} \tag{3.114}$$

verwendet werden.

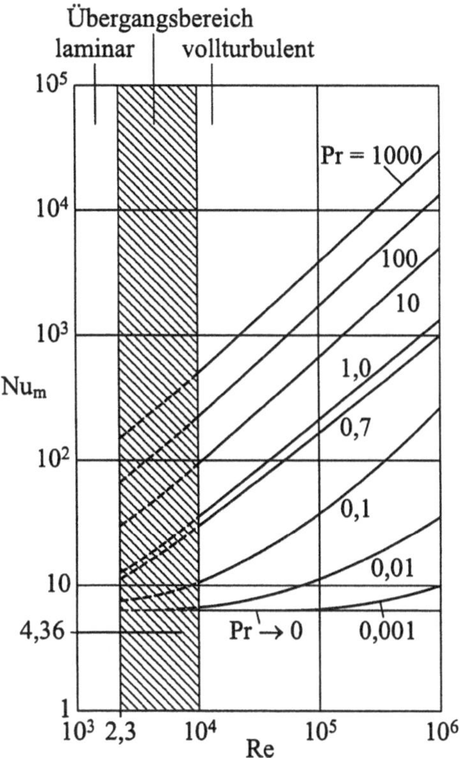

Abb. 3.12: Mittlere Nußeltzahl für die Rohrströmung bei q_W = konst.

Für den Fall konstanter Wärmestromdichte zeigt Abb. 3.12 die Abhängigkeit der mittleren Nußeltzahl von der Reynoldszahl für verschiedene Prandtlzahlen bei der Rohrströmung.

Man erkennt, daß eine einfache empirische Potenzgleichung der Form

$$Nu_m = C_1 + C_2 \, Re^m \, Pr^n \tag{3.115}$$

für $Pr > 1$ eine sehr gute Näherung darstellt, weil die Funktion $Nu\,(Re, Pr)$ in einem doppelt logarithmischen Diagramm für größere Reynoldszahlen nahezu linear verläuft.

Für den Wärmeübergang bei T_W = konst. kann für Gase mit $Pr \approx 0,7$ und mit Reynoldszahlen $Re < 10^5$ die Beziehung

$$Nu_{m,T} = 0{,}021 \, Pr^{1/2} \, Re^{0{,}8} \tag{3.116}$$

verwendet werden, die durch geringfügige Änderung der Konstanten aus der Beziehung für q_W = konst. erhalten wird. Damit wird deutlich, daß die thermische Randbedingung bei turbulenter Strömung nur von untergeordneter Bedeutung ist.

Für die Rohrströmung gilt die bereits in Kap.1 angedeutete Einteilung:

$$
\begin{aligned}
Re &\to 0 &&: \quad Nu \sim Re^{0{,}5} \\
Re &< 2300 &&: \quad \text{laminare Strömung,} \\
2300 < Re &< 10^4 &&: \quad \text{Übergangsbereich} \\
10^4 &< Re &&: \quad \text{voll turbulente Strömung} \\
Re &\to \infty &&: \quad Nu \sim Re^{0{,}8}
\end{aligned}
$$

In relativ kurzen Rohren kann sich keine voll entwickelte turbulente Strömung ausbilden. Der Wärmeübergang ist deshalb wie bei der laminaren Strömung (Kap. 3.2.2) deutlich besser als in langen Rohren. Die Verbesserung der mittleren Nußeltzahl kann nach Hausen (1959) durch den Korrekturterm

$$f = 1 + \left(\frac{d}{l}\right)^{2/3} \tag{3.117}$$

berücksichtigt werden.

Durch geringfügige Modifikation der von Petukhov angegebenen Beziehung hat Gnielinski (1984) für den Fall T_W = konst. die Korrelation

$$Nu_m = \frac{\dfrac{\xi}{8}\,(Re - 10^3)\,Pr}{1 + 12{,}7\,\sqrt{\dfrac{\xi}{8}}\,(Pr^{2/3} - 1)} \cdot f \tag{3.118}$$

erhalten, die den Einfluß der Rohrlänge berücksichtigt und auch im Übergangsbereich gilt. Für Gase mit $0{,}5 < Pr < 1{,}5$ kann statt dessen die wesentlich einfacher zu handhabende und auf Hausen zurückgehende Beziehung

$$Nu_m = 0{,}0214\,(Re^{0{,}8} - 100)\,Pr^{0{,}4} \cdot f \tag{3.119}$$

verwendet werden. Für größere Prandtlzahlen im Bereich $1,5 < Pr < 500$ kann diese Beziehung ebenfalls verwendet werden, wenn die Konstante 0,0214 durch 0,012 und der Zahlenwert 100 in der Klammer durch 280 ersetzt wird.

In den oben genannten Gleichungen sind die Fluidstoffwerte bei der jeweiligen Bezugstemperatur einzusetzen. Damit bleiben etwaige Änderungen der Stoffwerte in der Grenzschicht durch eine deutlich andere Wandtemperatur unberücksichtigt. Bei Flüssigkeiten ist jedoch häufig nur die dynamische Viskosität η deutlich von der Temperatur abhängig. Dieser Einfluß kann näherungsweise durch die Korrektur

$$\frac{Nu}{Nu_0} = \left(\frac{\eta_m}{\eta_w}\right)^{0,14} \tag{3.120}$$

berücksichtigt werden, wobei η_m und η_w die Viskositäten bei der kalorischen Mitteltemperatur bzw. bei der Wandtemperatur sind und Nu_0 die Nußeltzahl nach obigen Näherungsgleichungen ist. Für weitere Details sei auf Merker (1987) verwiesen.

3.3.5 Druckverlustkoeffizient

Mit geeigneten Ansätzen für die Wirbelviskosität v_t und der Definitionsgleichung für die Wandschubspannung

$$\tau_w = v_t \frac{d\bar{v}}{dy}$$

kann mit dem 1/7-Potenzgesetz aus

$$\xi = \frac{8\,\tau_w}{\rho\,\bar{v}_m^2}$$

der Druckverlustkoeffizient ξ berechnet werden, siehe Merker (1987). Genauere Rechnungen und die Anpassung von Konstanten an Meßwerte führen auf die bekannte Prandtl-Nikuradse-Gleichung

$$\frac{1}{\sqrt{\xi}} = 2 \log\left(Re\,\sqrt{\xi}\right) - 0,8 \ . \tag{3.121}$$

Petukhov (1970) hat die im nächsten Kapitel behandelten Grenzschichtgleichungen mit Hilfe eines Turbulenzmodells numerisch integriert und Werte für ξ berechnet. Durch Korrelation dieser Werte gibt er schließlich die einfache empirische Beziehung

$$\xi = \left(1{,}82 \log Re - 1{,}64\right)^{-2} \tag{3.122}$$

an, die im Bereich $10^4 < Re < 5 \cdot 10^6$ ausreichend gut mit der Prandtl-Nikuradse-Gleichung übereinstimmt.

3.4 Grenzschichtgleichungen

3.4.1 Laminare Strömung

Eine senkrecht zur Zeichenebene unendlich ausgedehnte ebene Platte mit der Länge L werde parallel zu ihrer Oberfläche mit der Geschwindigkeit v_∞ angeströmt, wobei in genügend großer Entfernung von der Vorderkante der Platte die Anströmgeschwindigkeit v_∞ und die Temperatur T_∞ zeitlich und örtlich konstant seien. Entlang der Platte bilden sich eine Strömungs- und Temperaturgrenzschicht aus, deren Verlauf qualitativ in Abb. 3.13 dargestellt ist. Der Wärmeübergang an der Platte kann damit als zweidimensionales Problem betrachtet werden, das prinzipiell durch die Gleichungen

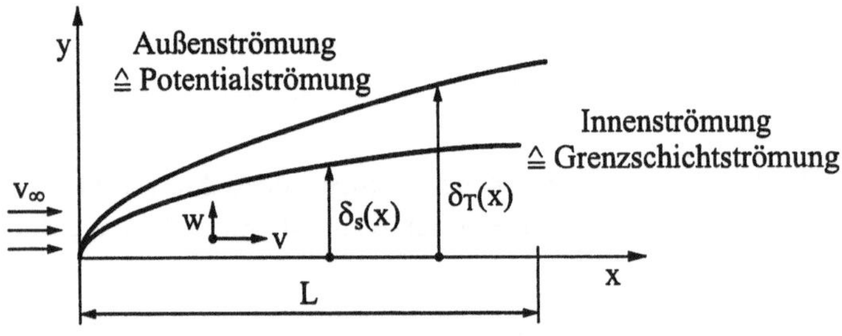

Abb. 3.13: Laminare Strömungsgrenzschicht

$$\frac{\partial v}{\partial x} + \frac{\partial w}{\partial y} = 0 \tag{3.123}$$

$$\rho \left(v \frac{\partial v}{\partial x} + w \frac{\partial v}{\partial y} \right) = - \frac{\partial p}{\partial x} + \eta \left(\frac{\partial^2 v}{\partial x^2} + \frac{\partial^2 v}{\partial y^2} \right) \tag{3.124}$$

$$\rho \left(v \frac{\partial w}{\partial x} + w \frac{\partial w}{\partial y} \right) = - \frac{\partial p}{\partial y} + \eta \left(\frac{\partial^2 w}{\partial x^2} + \frac{\partial^2 w}{\partial y^2} \right) \tag{3.125}$$

$$\rho \, c_p \left(v \frac{\partial T}{\partial x} + w \frac{\partial T}{\partial y} \right) = \lambda \left(\frac{\partial^2 T}{\partial x^2} + \frac{\partial^2 T}{\partial y^2} \right) \tag{3.126}$$

beschrieben wird. Diese Gleichungen erhält man aus den Gleichungen (3.38-3.40), wenn man x und y statt x_1 und x_2, und v und w statt v_1 und v_2 schreibt.

Ludwig Prandtl (1904) hat nun gezeigt, daß zur Berechnung des Wärmeübergangs an der Oberfläche das Strömungsfeld in zwei Bereiche aufgeteilt werden kann und zwar in einen Grenzschichtbereich an der Wand und in einen Außenbereich in hinreichend großer Entfernung von der Wand. Im Außenbereich wird die Strömung durch die reibungsfreien Euler-Gleichungen beschrieben und im Grenzschichtbereich durch die sog. Grenzschichtgleichungen 1. Ordnung, die wir im folgenden ableiten wollen.

Dazu bilden wir mit der charakteristischen Länge L und der Grenzschichtdicke δ_s, der charakteristischen Geschwindigkeit v_∞ und dem charakteristischen Druck $\rho_\infty v_\infty^2$ die dimensionslosen Größen

$$x^* = \frac{x}{L}, \quad y^* = \frac{y}{\delta_s},$$

$$v^* = \frac{v}{v_\infty}, \quad w^* = \frac{w}{v_\infty} \quad \text{und} \quad p^* = \frac{p}{\rho_\infty v_\infty^2}.$$

Durch Einsetzen in die Kontinuitätsgleichung erhalten wir

$$\frac{v_\infty}{L} \frac{\partial v^*}{\partial x^*} + \frac{v_\infty}{\delta_s} \frac{\partial w^*}{\partial y^*} = 0 \tag{3.127}$$

und daraus

$$\frac{\partial v^*}{\partial x^*} + \frac{\partial}{\partial y^*}\left(\frac{w^* L}{\delta_s}\right) = 0 \ . \tag{3.128}$$

Wegen $v^*, x^*, y^* = O(1)$ folgt[1]

$$\frac{w^* L}{\delta_s} = O(1) \ . \tag{3.129}$$

Weil die Grenzschichtdicke δ_s klein im Vergleich zur Länge L der Platte vorausgesetzt wird, also

$$\frac{\delta_s}{L} = O(\varepsilon)$$

gilt, folgt weiter

$$\boxed{w^* \sim \frac{\delta_s}{L} = O(\varepsilon)} \ , \tag{3.130}$$

d. h. die Geschwindigkeitskomponente w^* senkrecht zur Platte ist um eine Größenordnung kleiner als die parallele dazu.

Durch Einsetzen der dimensionslosen Größen in die Bewegungsgleichung (3.124) für die x-Komponenten erhalten wir

$$\frac{v_\infty^2}{L} v^* \frac{\partial v^*}{\partial x^*} + \frac{v_\infty^2}{\delta_s} w^* \frac{\partial v^*}{\partial y^*} = -\frac{v_\infty^2}{L}\frac{\partial p^*}{\partial x^*} + \frac{v\, v_\infty}{L^2}\left(\frac{\partial^2 v^*}{\partial x^{*2}} + \frac{L^2}{\delta_s^2}\frac{\partial^2 v^*}{\partial y^{*2}}\right) \tag{3.131}$$

und daraus mit der Reynoldszahl

---

[1] $O(1)$ ist gleichbedeutend mit: "von der Größenordnung 1"

$$Re = \frac{v_\infty\, L}{v}$$

und durch Multiplikation mit L/v_∞^2

$$v^* \frac{\partial v^*}{\partial x^*} + \frac{w^* L}{\delta_s} \frac{\partial v^*}{\partial y^*} = -\frac{\partial p^*}{\partial x^*} + \frac{1}{Re} \frac{L^2}{\delta_s^2} \left(\frac{\delta_s^2}{L^2} \frac{\partial^2 v^*}{\partial x^{*2}} + \frac{\partial^2 v^*}{\partial y^{*2}} \right). \qquad (3.132)$$

Mit der Forderung, daß Trägheits-, Druck- und Reibungsterm von gleicher Größenordnung sind, folgt

$$\frac{1}{Re} \left(\frac{L}{\delta_s} \right)^2 = O(1)$$

bzw.

$$\boxed{\ \frac{\delta_s}{L} \sim \frac{1}{\sqrt{Re}} = O(\varepsilon)\ }. \qquad (3.133)$$

Die wesentliche Voraussetzung der Grenzschichttheorie, daß nämlich die Grenzschichtdicke δ_s klein ist im Verhältnis zur Länge L der Platte, ist damit nur im Grenzfall $Re \to \infty$ erfüllt, weshalb die dafür gültigen Gleichungen auch als Grenzschichtgleichungen 1. Ordnung bezeichnet werden.

Aus dem Reibungsterm folgt

$$\left(\frac{\delta_s}{L} \right)^2 \frac{\partial^2 v^*}{\partial x^{*2}} = O(\varepsilon^2) ,$$

d. h. die "Krümmung" des Geschwindigkeitsprofils v^* in x^*-Richtung kann vernachlässigt werden.

Einsetzen der dimensionslosen Größen in die Bewegungsgleichung (3.125) für die y-Komponente führt auf

$$v^* \frac{\partial w^*}{\partial x^*} + \frac{w^* L}{\delta_s} \frac{\partial w^*}{\partial y^*} = - \frac{L}{\delta_s} \frac{\partial p^*}{\partial y^*} + \frac{1}{Re} \frac{L^2}{\delta_s^2} \left(\frac{\delta_s^2}{L^2} \frac{\partial^2 w^*}{\partial x^{*2}} + \frac{\partial^2 w^*}{\partial y^{*2}} \right). \qquad (3.134)$$

Wegen $w^* = O(\varepsilon)$ ist die linke Seite dieser Gleichung von der Ordnung $O(\varepsilon)$. Analog zu vorher gilt auch hier die Abschätzung

$$\left(\frac{\delta_s}{L} \right)^2 \frac{\partial^2 w^*}{\partial x^{*2}} = O(\varepsilon^2)$$

für das erste Glied im Reibungsterm. Für den Druckgradienten senkrecht zur Wand folgt

$$\frac{\partial p^*}{\partial y^*} = O(\varepsilon^2) \ .$$

Die Druckänderung senkrecht zur Wand ist damit praktisch gleich Null

$$\boxed{\frac{\partial p}{\partial y} = 0} \qquad\qquad (3.135)$$

und der Druck in der Grenzschicht wird durch die Außenströmung aufgeprägt. Neben dieser wesentlichen Aussage trägt die Bewegungsgleichung (3.125) für die y-Komponenten nicht weiter zur Grenzschichtbestimmung bei.

Für die Strömungsgrenzschicht erhalten wir damit aus der Kontinuitätsgleichung (3.123) und der Bewegungsgleichung (3.124) die Grenzschichtgleichungen

$$\boxed{\frac{\partial v}{\partial x} + \frac{\partial w}{\partial y} = 0} \ , \qquad\qquad (3.136)$$

$$\boxed{v \frac{\partial v}{\partial x} + w \frac{\partial v}{\partial y} = - \frac{1}{\rho} \frac{\mathrm{d}p}{\mathrm{d}x} + \nu \frac{\partial^2 v}{\partial y^2}} \qquad\qquad (3.137)$$

Zur Ableitung der Grenzschichtgleichung für die Temperaturgrenzschicht aus der Energiegleichung (3.126) wählen wir als charakteristische Länge senkrecht zur Wand die Dicke der Temperaturgrenzschicht δ_T, und als charakteristische Temperaturdifferenz die Differenz zwischen Wand- und Umgebungstemperatur, $\Delta T = T_W - T_\infty$. Damit erhalten wir aus der Energiegleichung

$$v^* \frac{\partial T^*}{\partial x^*} + \frac{w^* L}{\delta_T} \frac{\partial T^*}{\partial y^*} = \frac{a}{v_\infty L} \frac{L^2}{\delta_T^2} \left(\frac{\delta_T^2}{L^2} \frac{\partial^2 T^*}{\partial x^{*2}} + \frac{\partial^2 T^*}{\partial y^{*2}} \right) . \qquad (3.138)$$

Mit den Umformungen

$$\frac{w^* L}{\delta_T} = \frac{w^* L}{\delta_s} \frac{\delta_s}{\delta_T} ,$$

$$\frac{a}{v_\infty L} = \frac{v}{v_\infty L} \frac{a}{v} = \frac{1}{Re\ Pr}$$

erhält man weiter

$$v^* \frac{\partial T^*}{\partial x^*} + \frac{w^* L}{\delta_s} \frac{\delta_s}{\delta_T} \frac{\partial T^*}{\partial y^*} = \frac{1}{Re\ Pr} \frac{L^2}{\delta_T^2} \left(\frac{\delta_T^2}{L^2} \frac{\partial^2 T^*}{\partial x^{*2}} + \frac{\partial^2 T^*}{\partial y^{*2}} \right) . \qquad (3.139)$$

Mit der Annahme, daß die Terme für den konvektiven Transport von gleicher Größenordnung wie die für den diffusiven Transport sein sollen, folgt für den zweiten Term auf der rechten Seite

$$\frac{1}{Re\ Pr} \left(\frac{L}{\delta_T} \right)^2 = O(1)$$

und daraus

$$\boxed{ \frac{\delta_T}{L} \sim \frac{1}{\sqrt{Re\ Pr}} } \qquad (3.140)$$

Analog zu vorher folgt für den ersten Term auf der rechten Seite

$$\frac{\delta_T^2}{L^2}\,\frac{\partial^2 T^*}{\partial x^{*2}} = O(\varepsilon^2)\ ,$$

d. h. die "Krümmung" des Temperaturfeldes parallel zur Platte kann vernachlässigt werden.

Mit diesen Abschätzungen erhält man aus der Energiegleichung die Grenzschichtgleichung für die Temperaturgrenzschicht zu

$$\boxed{\ v\,\frac{\partial T}{\partial x} + w\,\frac{\partial T}{\partial y} = a\,\frac{\partial^2 T}{\partial y^2}\ }\,. \qquad (3.141)$$

Mit den oben eingeführten dimensionslosen Kenngrößen erhält man die Grenzschichtgleichungen in dimensionsloser Form zu

$$\boxed{\ \frac{\partial v^*}{\partial x^*} + \frac{L}{\delta_s}\,\frac{\partial w^*}{\partial y^*} = 0\ }\,, \qquad (3.142)$$

$$\boxed{\ v^*\,\frac{\partial v^*}{\partial x^*} + \frac{w^* L}{\delta_s}\,\frac{\partial v^*}{\partial y^*} = -\,\frac{\mathrm{d}p^*}{\mathrm{d}x^*} + \frac{1}{Re}\left(\frac{L}{\delta_s}\right)^2 \frac{\partial^2 v^*}{\partial y^{*2}}\ }\,, \qquad (3.143)$$

$$\boxed{\ v^*\,\frac{\partial T^*}{\partial x^*} + \frac{w^* L}{\delta_T}\,\frac{\partial T^*}{\partial y^*} = \frac{1}{Re\ Pr}\left(\frac{L}{\delta_T}\right)^2 \frac{\partial^2 T^*}{\partial y^{*2}}\ }\,. \qquad (3.144)$$

Die Grenzschichtgleichungen sind von parabolischem Typ, d. h. sie beschreiben ein Anfangswertproblem. Eine Störung an der Stelle x hat deshalb keine Auswirkung stromaufwärts. Die Ursache dafür ist der Wegfall der beiden Diffusionsterme $\partial^2 v/\partial x^2$ und $\partial^2 T/\partial x^2$, die Wärme und Impuls durch Diffusion (Leitung) stromaufwärts transportieren würden.

Für das Verhältnis der Temperatur- zur Strömungsgrenzschicht erhält man mit den obigen Abschätzungen

$$\boxed{\frac{\delta_T}{\delta_s} \sim \frac{1}{\sqrt{Pr}}} \, . \qquad (3.145)$$

Für Luft mit $Pr \approx 0{,}7$ ist die Temperaturgrenzschicht geringfügig dicker und für Wasser mit $Pr \approx 7{,}0$ ist sie wesentlich dünner als die Strömungsgrenzschicht. Allgemein gilt für das Verhältnis der beiden

$$\frac{\delta_T}{\delta_s} = \begin{cases} 0 & \text{für} \quad Pr \to \infty \\ \infty & \text{für} \quad Pr \to 0 \, . \end{cases}$$

Beim Wärmeübergang an der ebenen Platte kann der Druck in der Außenströmung als konstant betrachtet werden, wegen

$$p_\infty = \text{konst. und} \quad \frac{dp_\infty}{dx} = 0$$

entfällt damit der Druckterm in der Bewegungsgleichung.

Zur Lösung der Grenzschichtgleichungen werden noch Randbedingungen benötigt. An der Plattenoberfläche ist die Strömungsgeschwindigkeit infolge der Haftbedingung gleich Null,

$$v = w = 0 \quad \text{für} \quad y = 0, \; 0 \leq x \leq L \, .$$

In genügend großer Entfernung von der Plattenoberfläche, d. h. außerhalb der Grenzschicht ist die Strömungsgeschwindigkeit identisch mit der für die ungestörte Außenströmung v_∞,

$$v = v_\infty \quad \text{für} \quad y \to \infty \, .$$

Für die isotherme Platte gilt

$$T(y = 0) = T_W = \text{konst.}$$

und für die Platte mit konstanter Wärmestromdichte an der Wand gilt

$$q_W = -\lambda \left(\frac{\partial T}{\partial y} \right)_{y=0} = \text{konst.}$$

Außerhalb der Temperaturgrenzschicht ist die Temperatur gleich der in der Außenströmung,

$$T = T_\infty \quad \text{für} \quad y \to \infty \, .$$

Weil wir alle Stoffwerte als konstant vorausgesetzt haben, ist das Strömungsfeld vom Temperaturfeld vollkommen entkoppelt; das Strömungsfeld kann damit unabhängig vom Temperaturfeld berechnet werden.

3.4.2 Turbulente Strömung

Die Grenzschichtabschätzungen für turbulente Strömungen müssen direkt in den Reynolds-gemittelten Navier-Stokes-Gleichungen vorgenommen werden. Es wäre falsch, von den oben abgeleiteten Grenzschichtgleichungen auszugehen und zwar aus folgendem Grund: Die Schwankungsgeschwindigkeiten v_i' ändern sich sehr schnell bezüglich Ort und Zeit, so daß ihre Ableitungen im Vergleich zu den Ableitungen der mittleren Geschwindigkeiten $\overline{v}_i$ nicht vernachlässigt werden können, obwohl die Schwankungsgeschwindigkeiten v_i' um etwa eine Größenordnung kleiner als die mittleren Geschwindigkeiten $\overline{v}_i$ sind. Die Ableitung der Reynolds-gemittelten Grenzschichtgleichungen ist formal ähnlich zu der in Kapitel 3.2.1 dargelegten, der daran interessierte Leser sei auf Rotta (1972) und Jischa (1982) verwiesen.

Man erhält schließlich für ein inkompressibles Fluid

$$\boxed{\begin{aligned}
\frac{\partial \overline{v}}{\partial x} + \frac{\partial \overline{w}}{\partial y} &= 0, \\[2mm]
\rho \left(\overline{v} \frac{\partial \overline{v}}{\partial x} + \overline{w} \frac{\partial \overline{v}}{\partial y} \right) &= \frac{\partial}{\partial y} \left(\eta \frac{\partial \overline{v}}{\partial y} - \rho \, \overline{v' w'} \right), \\[2mm]
\rho \, c_p \left(\overline{v} \frac{\partial \overline{T}}{\partial x} + \overline{w} \frac{\partial \overline{T}}{\partial y} \right) &= \frac{\partial}{\partial y} \left(\lambda \frac{\partial \overline{T}}{\partial y} - \rho \, c_p \, \overline{T' w'} \right),
\end{aligned}} \qquad (3.146)$$

wenn der Druck in der Außenströmung wieder als konstant vorausgesetzt wird.

Gegenüber den allgemeinen Grenzschichtgleichungen sind die Reynolds-gemittelten um die Komponente $\rho\,\overline{v'w'}$ des Reynoldsschen Schubspannungstensors und die Komponente $\rho c_p\,\overline{T'w'}$ des Reynoldsschen Wärmestromvektors erweitert, ansonsten sind sie formal gleich.

Aus dem Wirbelviskositätsprinzip folgt für den Reynoldsschen Schubspannungsterm

$$-\overline{v'w'} = v_t\,\frac{\partial\,\overline{v}}{\partial\,y} \qquad\qquad (3.147)$$

und aus dem Wirbeldiffusionsprinzip für den Reynoldsschen Wärmestromterm

$$-\overline{T'w'} = a_t\,\frac{\partial\,\overline{T}}{\partial\,y}\;. \qquad\qquad (3.148)$$

Damit erhält man für die Strömungs- und Temperaturgrenzschichtgleichung

$$\overline{v}\,\frac{\partial\,\overline{v}}{\partial\,x} + \overline{w}\,\frac{\partial\,\overline{v}}{\partial\,y} = \frac{\partial}{\partial\,y}\left((v + v_t)\,\frac{\partial\,\overline{v}}{\partial\,y}\right), \qquad\qquad (3.149)$$

$$\overline{v}\,\frac{\partial\,\overline{T}}{\partial\,x} + \overline{w}\,\frac{\partial\,\overline{T}}{\partial\,y} = \frac{\partial}{\partial\,y}\left((a + a_t)\,\frac{\partial\,\overline{T}}{\partial\,y}\right), \qquad\qquad (3.150)$$

wobei das Verhältnis aus Wirbelviskosität v_t und Wirbeldiffusion a_t wieder die turbulente Prandtlzahl (Gl. 3.47)

$$Pr_t = \frac{v_t}{a_t}$$

ist. Diese Grenzschichtgleichungen können nun näherungsweise integriert werden, wobei für die turbulenten Transportgrößen v_t und a_t geeignete Ansätze, sog. Turbulenzmodelle, benötigt werden.

3.5 Laminar überströmte Platte

Für die laminar überströmte Platte können die Grenzschichtgleichungen für die Strömungsgrenzschicht und für $Pr = 1$ kann auch die für die Temperaturgrenzschicht exakt gelöst werden. Für beide Grenzschichten wird im folgenden der Lösungsweg anschaulich dargestellt. Eine Verallgemeinerung der einfachen analytischen Lösung für freie laminare Strömungen, bei denen die Bewegungsenergie in und über der Größenordnung der Wärmeenergie liegt, ist in Napolitano et al. (1977) zu finden.

3.5.1 Strömungsgrenzschicht

Durch Einführen der Stromfunktion $\psi\,(x,\,y)$ mit

$$v = \frac{\partial \psi}{\partial y} \qquad \text{und} \qquad w = -\frac{\partial \psi}{\partial x}$$

wird die Kontinuitätsgleichung identisch erfüllt. Durch Einsetzen in die Bewegungsgleichung erhält man

$$\frac{\partial \psi}{\partial y}\,\frac{\partial^2 \psi}{\partial x\,\partial y} - \frac{\partial \psi}{\partial x}\,\frac{\partial^2 \psi}{\partial y^2} = v\,\frac{\partial^3 \psi}{\partial y^3}\;. \tag{3.151}$$

Diese partielle Differentialgleichung kann mit Hilfe einer Ähnlichkeitstransformation in eine gewöhnliche Differentialgleichung überführt werden. Bei einer ähnlichen Lösung unterscheiden sich zwei Geschwindigkeitsprofile $v\,(x,\,y)$ an verschiedenen Stellen x der Platte nur durch Maßstabsfaktoren für v und y. Werden die Geschwindigkeitskomponente v und der Wandabstand y in geeigneter Weise dimensionslos gemacht, so werden die Geschwindigkeitsprofile $v\,(x,\,y)$ an verschiedenen Stellen x der Platte gleich. Blasius (1908) hat gezeigt, daß man mit der Ähnlichkeitsvariablen

$$\eta\,(x,\,y) = y\,\sqrt{\frac{v_\infty}{v\,x}} \tag{3.152}$$

ähnliche Lösungen der Form

$$\frac{v\,(x,\,y)}{v_\infty} = g\,(\eta) \tag{3.153}$$

erhält. Damit erhält man für die Stromfunktion ψ

$$\psi = \int v \, dy = v_\infty \int g(\eta) \, dy = v_\infty \sqrt{\frac{v \, x}{v_\infty}} \int g(\eta) \, d\eta \, . \tag{3.154}$$

Mit der Festlegung

$$\int g(\eta) \, d\eta = f(\eta) \tag{3.155}$$

erhält man

$$\psi = \sqrt{v_\infty \, v \, x} \, f(\eta) \tag{3.156}$$

und damit folgt aus der obigen partiellen die gewöhnliche Differentialgleichung (Blasiusgleichung)

$$f''' + \frac{1}{2} f f'' = 0 \, . \tag{3.157}$$

Weil die Geschwindigkeiten v und w an der Plattenoberfläche gleich Null sind, sind auch die Ableitungen der Stromfunktion dort Null und die Stromfunktion selbst an der Plattenoberfläche konstant. Setzt man diese Konstante gleich Null, dann erhält man die Randbedingungen

$$f = f' = 0 \quad \text{für} \quad \eta = 0 \, ,$$
$$f' = 1 \quad \text{für} \quad \eta \to \infty \, .$$

Die Blasiusgleichung wurde von Howarth (1938) numerisch gelöst. Die Zahlenwerte für f, f' und f'' als Funktion der Ähnlichkeitsvariablen η sind in Tabelle 3.1 angegeben.

Die Geschwindigkeitskomponenten v und w ergeben sich damit zu

$$v = \frac{\partial \psi}{\partial y} = \sqrt{v_\infty \, v \, x} \, f'(\eta) \frac{\partial \eta}{\partial y} = v_\infty \, f'(\eta) \quad \text{und}$$

$$\tag{3.158}$$

$$w = -\frac{\partial \psi}{\partial x} = \frac{1}{2} \sqrt{\frac{v \, v_\infty}{x}} \, (\eta \, f'(\eta) - f(\eta)) \, .$$

Tabelle 3.1: Ähnlichkeitslösung für die laminare Grenzschicht bei erzwungener Konvektion

$\eta = y\sqrt{\dfrac{v_\infty}{\nu x}}$	f	$f' = \dfrac{v}{v_\infty}$	f''
0	0	0	0,33206
0,2	0,00664	0,06641	0,33199
0,4	0,02656	0,13277	0,33147
0,6	0,05974	0,19894	0,33008
0,8	0,10611	0,26471	0,32739
1,0	0,16557	0,32979	0,32301
1,2	0,23795	0,39378	0,31659
1,4	0,32298	0,45627	0,30787
1,6	0,42032	0,51676	0,29667
1,8	0,52952	0,57477	0,28293
2,0	0,65003	0,62977	0,26675
2,2	0,78120	0,68132	0,24835
2,4	0,92230	0,72899	0,22809
2,6	1,07252	0,77246	0,20646
2,8	1,23099	0,81152	0,18401
3,0	1,39682	0,84605	0,16136
3,2	1,56911	0,87609	0,13913
3,4	1,74696	0,90177	0,11788
3,6	1,92954	0,92333	0,09809
3,8	2,11605	0,94112	0,08013
4,0	2,30576	0,95552	0,06424
4,2	2,49806	0,96696	0,05052
4,4	2,69238	0,97587	0,03897
4,6	2,88826	0,98269	0,02948
4,8	3,08534	0,98779	0,02187
5,0	3,28329	0,99155	0,01591
5,2	3,48189	0,99425	0,01134
5,4	3,68094	0,99616	0,00793
5,6	3,88031	0,99748	0,00543
5,8	4,07990	0,99838	0,00365
6,0	4,27964	0,99898	0,00240
6,2	4,47948	0,99937	0,00155
6,4	4,67938	0,99961	0,00098
6,6	4,87931	0,99977	0,00061
6,8	5,07928	0,99987	0,00037
7,0	5,27926	0,99992	0,00022
7,2	5,47925	0,99996	0,00013
7,4	5,67924	0,99998	0,00007
7,6	5,87924	0,99999	0,00004
7,8	6,07923	1,00000	0,00002
8,0	6,27923	1,00000	0,00001
8,2	6,47923	1,00000	0,00001
8,4	6,67923	1,00000	0,00000
8,6	6,87923	1,00000	0,00000

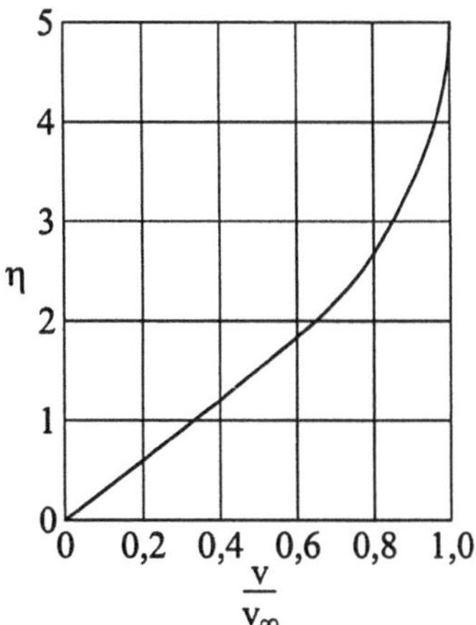

Abb. 3.14: Dimensionsloses Geschwindigkeitsprofil $f'(\eta)$

Abb. 3.14 zeigt das Geschwindigkeitsprofil $v/v_\infty = f'(\eta)$, das an jeder Stelle der Platte gleich ist.

Die Dicke der Strömungsgrenzschicht ist festgelegt als derjenige Wandabstand y, bei dem die Geschwindigkeit v bis auf 99 % der ungestörten Anströmgeschwindigkeit v_∞ angewachsen ist. Die Zahlenwerte in Tabelle 3.1 zeigen, daß dies für $\eta = 5$ der Fall ist. Mit $y = \delta_s$ für $\eta = 5$ und der lokalen Reynoldszahl $Re_x = v_\infty\, x/\nu$ folgt damit für die Dicke der Strömungsgrenzschicht

$$\boxed{\;\delta_s(x) = 5\sqrt{\frac{\nu\, x}{v_\infty}} = \frac{5\,x}{\sqrt{Re_x}}\;}\;. \tag{3.159}$$

Bei der laminar überströmten ebenen Platte nimmt die Dicke der Strömungsgrenzschicht somit proportional zu $\sqrt{x}$ zu.

Der örtliche Reibungskoeffizient $c_f(x)$ ist definiert als das Verhältnis der örtlichen Wandschubspannung $\tau_W(x)$ zum Staudruck $\rho\, v_\infty^2/2$, also

$$\frac{c_f}{2} \equiv \frac{\tau_w}{\rho\, v_\infty^2}\,. \tag{3.160}$$

Mit dem Newtonschen Schubspannungansatz

$$\tau_w = \rho \, v \left(\frac{\partial v}{\partial y} \right)_{y=0} \tag{3.161}$$

folgt damit

$$\frac{c_f}{2} = \frac{v}{v_\infty^2} \left(\frac{\partial^2 \psi}{\partial y^2} \right)_{y=0} = \sqrt{\frac{v}{v_\infty \, x}} \; f''(0) \; . \tag{3.162}$$

Mit $f''(0) = 0{,}33206$ aus Tabelle 3.1 folgt damit für den lokalen Reibungskoeffizienten

$$\boxed{\frac{c_f}{2} = \frac{0{,}332}{\sqrt{Re_x}}} \; . \tag{3.163}$$

Die Widerstandskraft F, die das Strömungsfeld auf eine Platte der Breite A/L ausübt bzw. mit der sie im Strömungsfeld gehalten werden muß, ergibt sich zu

$$F = 2 \, \frac{A}{L} \int_0^L \tau_w \; dx \; . \tag{3.164}$$

Der Widerstandskoeffizient c_w der Platte ist definiert als die Widerstandskraft F bezogen auf die Fläche A und den Staudruck $\rho \, v_\infty^2 / 2$

$$\frac{c_w}{2} = \frac{F}{A \, \rho \, v_\infty^2} = \frac{1}{L} \int_0^L c_f \; dx \; . \tag{3.165}$$

Durch Einsetzen von (3.164) und Integration erhält man dafür

$$\boxed{\frac{c_W}{2} = \frac{0,664}{\sqrt{Re_L}}}$$

(3.166)

mit der Reynoldszahl $Re_L = v_\infty\, L/v$.

3.5.2 Temperaturgrenzschicht

Einsetzen der Stromfunktion $\psi\,(x,\,y)$ in die Gleichung (3.141) für die Temperaturgrenzschicht führt analog zu Kapitel 3.5.1 auf die partielle Differentialgleichung

$$\frac{\partial \psi}{\partial y}\,\frac{\partial T}{\partial x} - \frac{\partial \psi}{\partial x}\,\frac{\partial T}{\partial y} = a\,\frac{\partial^2 T}{\partial y^2} \; .$$

(3.167)

Mit der Annahme, daß das Temperaturfeld mit derselben Ähnlichkeitsvariablen wie das Strömungsfeld beschrieben werden kann, folgt die dimensionslose Temperatur

$$\Theta = \frac{T - T_\infty}{T_W - T_\infty} = \Theta\,(\eta) \; .$$

Einsetzen dieser Beziehung und der Stromfunktion (3.156)

$$\psi = \sqrt{v_\infty\, v\, x}\; f\,(\eta)$$

in (3.167) führt auf die gewöhnliche Differentialgleichung

$$\boxed{\Theta'' + \frac{1}{2}\, Pr\, f\, \Theta' = 0}$$

(3.168)

für die Temperaturgrenzschicht. Die Lösung dieser Differentialgleichung wollen wir im folgenden für die drei Fälle T_W = konst. und $Pr = 1$, T_W = konst. und $Pr \neq 1$, und q_W = konst. behandeln.

- **Isotherme Platte und $Pr = 1$**

Die Randbedingungen erster Art für die isotherme Platte lauten

$$\Theta = 1 \quad \text{für} \quad \eta = 0 \, ,$$
$$\Theta = 0 \quad \text{für} \quad \eta \to \infty .$$

Für $Pr = 1$ sind die Bewegungs- und die Energiegleichung und damit das Strömungs- und das Temperaturfeld in der Grenzschicht ähnlich,

$$\frac{T - T_\infty}{T_W - T_\infty} = \frac{v}{v_\infty} = f'(\eta) \; . \tag{3.169}$$

Damit kann der Wärmeübergang allein aus der Lösung für das Strömungsfeld berechnet werden. Für die Wärmestromdichte q_W an der Wand gilt

$$q_W = - \lambda \left(\frac{\partial T}{\partial y}\right)_{y=0} = - \lambda \, (T_w - T_\infty) \, \frac{1}{v_\infty} \left(\frac{\partial v}{\partial y}\right)_{y=0} . \tag{3.170}$$

Mit der Lösung für das Strömungsfeld erhält man damit

$$q_W = - \lambda \, (T_W - T_\infty) \sqrt{\frac{v_\infty}{v \, x}} \; f''(0) . \tag{3.171}$$

Mit $f''(0) = 0{,}332$ aus Tabelle 3.1 und der Voraussetzung $Pr = v/a = 1$ folgt daraus schließlich mit der Definition der lokalen Stantonzahl

$$St_x \equiv \frac{q_W}{\rho \, c_p \, v_\infty \, |T_W - T_\infty|} = \frac{0{,}332}{\sqrt{Re_x}} . \tag{3.172}$$

Ein Vergleich mit dem Ergebnis für den lokalen Reibungskoeffizienten liefert

$$\boxed{St_x = \frac{c_f}{2} = \frac{0{,}332}{\sqrt{Re_x}}} . \tag{3.173}$$

Demnach gilt für $Pr = 1$ die nach Reynolds benannte strenge Analogie zwischen Impuls- und Wärmeübertragung. Mit der Identität

$$Nu = St \ Re \ Pr \tag{3.174}$$

erhält man aus Gl. 3.173 ($Pr = 1$) für die lokale Nußeltzahl

$$Nu_x = \frac{q_w}{\dfrac{\lambda}{x}\left|T_w - T_\infty\right|} = 0{,}332 \ \sqrt{Re_x} \tag{3.175}$$

und für den lokalen Wärmeübergangskoeffizienten

$$\alpha_x = \frac{q_w}{\left|T_w - T_\infty\right|} = 0{,}332 \ \frac{\lambda}{x} \sqrt{\frac{v_\infty \ x}{v}} \sim \frac{1}{\sqrt{x}} \ , \tag{3.176}$$

d. h. der lokale Wärmeübergangskoeffizient nimmt bei laminarer Strömung proportional zu $x^{-1/2}$ ab, für die Plattenvorderkante liefert die Grenzschichttheorie einen unendlich großen Wärmeübergangskoeffizienten, was zeigt, daß sie dort nicht gültig ist, Merker (1987).

Durch Integration erhält man daraus für den mittleren Wärmeübergangskoeffizienten

$$\alpha_m = \frac{1}{L} \int_0^L \alpha_x \ (x) \ dx = 0{,}664 \ \frac{\lambda}{L} \sqrt{\frac{v_\infty \ L}{v}} \tag{3.177}$$

und damit schließlich für die mittlere Nußeltzahl

$$Nu_m = \frac{\alpha_m \ L}{\lambda} = 0{,}664 \ \sqrt{Re_L} \ . \tag{3.178}$$

Abb. 3.15 zeigt qualitativ den Verlauf des lokalen Wärmeübergangskoeffizienten $\alpha_x(x)$ sowie den Zusammenhang zwischen α_x und α_m. Der mittlere Wärmeübergangskoeffizient α_m für eine Platte der Länge L ist demnach doppelt so groß wie der lokale $\alpha_x(L)$ am Plattenende.

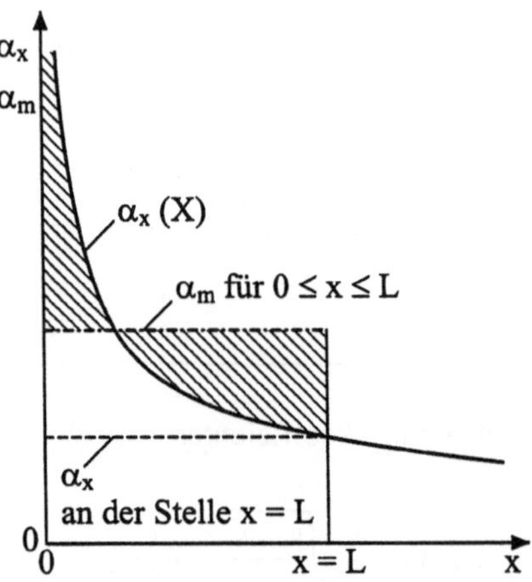

Abb. 3.15: Verlauf des örtlichen Wärmeübergangskoeffizienten über der Plattenlänge

- **Isotherme Platte mit $Pr \neq 1$**

Die Gleichung 3.168 für die Temperaturgrenzschicht hat die Lösung

$$\Theta(\eta, Pr) = 1 - \frac{\displaystyle\int_0^{\eta} \left(f''\right)^{Pr} d\eta}{\displaystyle\int_0^{\infty} \left(f''\right)^{Pr} d\eta} \,. \tag{3.179}$$

Mit $f''(0) = 0{,}332$ folgt daraus für den Temperaturgradienten an der Plattenoberfläche

$$-\left(\frac{\partial \Theta}{\partial \eta}\right)_w = \frac{(0{,}332)^{Pr}}{\displaystyle\int_0^{\infty} \left(f''\right)^{Pr} d\eta} = f(Pr) \,. \tag{3.180}$$

E. Pohlhausen (1921) hat als erster die Gleichung für die Temperaturgrenzschicht numerisch integriert und gezeigt, daß sich das Ergebnis in der Form

$$\frac{Nu_x}{\sqrt{Re_x}} = f(Pr)$$

darstellen läßt. Nach Eckert und Drake (1972) sowie von Specht und Jeschar (1984) wurden jeweils hinreichend genaue empirische Korrelationen für $f(Pr)$ vorgeschlagen, die gut mit numerischen Werten übereinstimmen, siehe Merker (1987).

Die empirische Korrelation

$$\frac{Nu_x}{\sqrt{Re_x}} = 0{,}332 \; Pr^{1/3} \tag{3.181}$$

ist für mittlere Prandtlzahlen im Bereich $0{,}6 < Pr < 10$ hinreichend genau, womit sich nach Integration für die mittlere Nußeltzahl die Beziehung

$$\boxed{Nu_m = 0{,}664 \; Re_L^{1/2} \; Pr^{1/3}} \tag{3.182}$$

ergibt.

Für sehr kleine und für sehr große Prandtlzahlen lassen sich analytisch die beiden Asymptoten

$$\frac{Nu_x}{\sqrt{Re_x}} = \begin{cases} 0{,}564 \; Pr^{1/2} & : & Pr \to 0 \,, \\ 0{,}339 \; Pr^{1/3} & : & Pr \to \infty \end{cases} \tag{3.183}$$

ableiten, womit man für das Verhältnis der Grenzschichtdicken schließlich

$$\frac{\delta_s}{\delta_T} = \begin{cases} Pr^{1/2} & : & Pr \to 0 \,, \\ 1 & : & Pr = 1 \,, \\ Pr^{1/3} & : & Pr \to \infty \end{cases} \tag{3.184}$$

erhält.

In Abb. 3.16 sind numerisch berechnete Temperaturprofile $(T_W - T)/(T_W - T_\infty)$ in Abhängigkeit der Ähnlichkeitvariablen η für verschiedene Prandtlzahlen dargestellt. Für $Pr > 1$ ist die Temperaturgrenzschicht dünner und für $Pr < 1$ dicker als die Strömungsgrenzschicht.

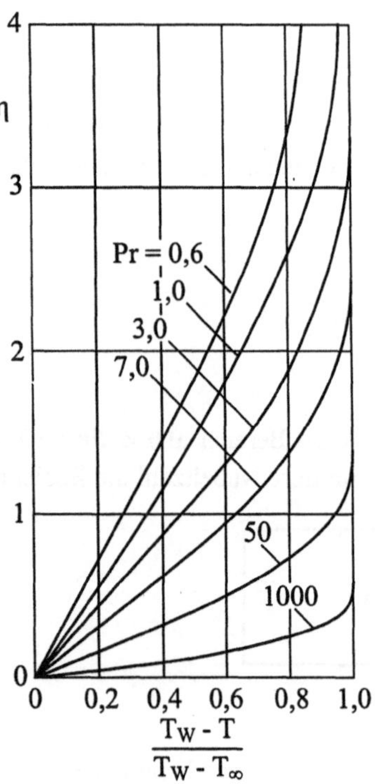

Abb. 3.16: Dimensionsloses Temperaturprofil

• **Konstante Wandwärmestromdichte**

Für q_W = konst. existieren keine ähnlichen Lösungen für die Grenzschichtgleichungen. Anhand von numerischen Lösungen empfehlen Kays und Crawford (1980) die Beziehung

$$\frac{Nu_x}{\sqrt{Re_x}} = 0{,}453\ Pr^{1/3}\ . \tag{3.185}$$

Der Vergleich mit der Lösung für T_W = konst. zeigt, daß der Wärmeübergang für q_W = konst. um etwa 36 % besser ist. Daraus kann allgemein geschlossen werden, daß die thermische Randbedingung bei laminarer Strömung einen wesentlichen Einfluß auf die Intensität des Wärmeüberganges hat.

3.6 Turbulent überströmte Platte

Die im vorigen Kapitel abgeleiteten Grenzschichtgleichungen sind im Rahmen ihrer Voraussetzungen allgemein gültig, d. h. sie beschreiben auch den Wärmeübergang bei turbulenter Strömung. Für die turbulente Strömung existieren aber keine analytischen Lösungen. Für die numerische Lösung müssen die Navier-Stokes-Gleichungen aber so "feinmaschig" diskretisiert werden, daß auch die kleinsten Wirbel numerisch aufgelöst werden. Dieses Vorgehen ist aber zur Lösung von technisch relevanten Wärmeübergangsproblemen nicht zweckmäßig. Man leitet deshalb aus den Navier-Stokes-Gleichungen die sog. Reynolds-gemittelten Grenzschichtgleichungen ab und löst diese numerisch unter Verwendung sog. Turbulenzmodelle, siehe z. B. Merker (1987).

3.6.1 Analogiebetrachtung

Wir wollen im folgenden eine auf der Analogie zwischen Impuls- und Wärmetransport beruhende Lösung für den Wärmeübergang an der turbulent überströmten ebenen Platte ableiten. Wir gehen dabei von den Ansätzen für die Schubspannung

$$\tau = -\rho \, (v + v_t) \, \frac{\partial \, \bar{v}}{\partial \, y} \tag{3.186}$$

und die Wärmestromdichte

$$q = -\rho \, c_p \, (a + a_t) \, \frac{\partial \, \bar{T}}{\partial \, y} \tag{3.187}$$

aus. Wir betrachten im folgenden nur die voll turbulente Grenzschichtströmung außerhalb der sog. laminaren Unterschicht. In dieser voll turbulenten Schicht sind die molekularen Transportgrößen v und a gegenüber den turbulenten vernachlässigbar, also

$$\nu_t/\nu \gg 1 \qquad \text{und} \qquad a_t/a \gg 1 .$$

Reynolds hat vor etwa 100 Jahren angenommen, daß Impuls und Wärme in einer turbulenten Strömung durch den gleichen Mechanismus transportiert werden. Damit folgt

$$\nu_t = a_t \quad \text{bzw.} \quad Pr_t = 1 .$$

Es läßt sich zeigen, daß Schubspannung und Wärmestromdichte proportional sind und linear vom Wert an der Wand nach außen abfallen,

$$\frac{q}{\tau} = \frac{q_W}{\tau_W} . \tag{3.188}$$

Mit den Ansätzen für q und τ folgt damit

$$\frac{q_W}{\tau_W} = c_p \, \frac{\partial \, \overline{T}}{\partial \, \overline{v}} = c_p \, \frac{T_w - T_\infty}{v_\infty} \tag{3.189}$$

und daraus durch Umformung

$$\frac{q_W}{\rho \, c_p \, v_\infty \, (T_w - T_\infty)} = \frac{\tau_W}{\rho \, v_\infty^2} . \tag{3.190}$$

Mit der Wandwärmestromdichte

$$q_W = \alpha_m \, (T_w - T_\infty) \tag{3.191}$$

und der Wandschubspannung

$$\tau_W = c_W \, \frac{\rho \, v_\infty^2}{2} \tag{3.192}$$

folgt daraus

$$\frac{\alpha_m}{\rho \, c_p \, v_\infty} = \frac{c_W}{2} . \tag{3.193}$$

Mit der Definition der Stantonzahl

$$St_m \equiv \frac{\alpha_m}{\rho \, c_p \, v_\infty}$$ (3.194)

liefert damit die Analogie zwischen Impuls- und Wärmetransport die Beziehung

$$\boxed{St_m = \frac{c_W}{2}} \, .$$ (3.195)

3.6.2 Wärmeübergangsgleichungen

Für den Zusammenhang zwischen Stanton-, Nußelt-, Reynolds- und Prandtlzahl gilt

$$St_m \equiv \frac{Nu_m}{Re \, Pr} \, .$$

Mit der Beziehung von Blasius (1908) für den Widerstandskoeffizienten

$$c_W = 0{,}074 \, Re_L^{-0{,}2}$$ (3.196)

und Gl. 3.195 folgt damit die Nußeltzahl-Beziehung

$$\boxed{Nu_m = 0{,}037 \, Re^{0{,}8} \, Pr}$$ (3.197)

für den Wärmeübergang an der turbulent überströmten ebenen Platte, die strenggenommen nur für $Pr = 1$ gilt.

Um den Einfluß der Prandtlzahl zu erfassen, müßten die beiden Fälle $\delta_T > \delta_s$ und $\delta_T < \delta_s$ mit einem verbesserten Analogiemodell, der sog. Prandtlanalogie getrennt untersucht werden, siehe Merker (1987). Als Ergebnis erhält man die Beziehung

$$St_m = \frac{\dfrac{c_W}{2}}{1 + 13,2 \sqrt{\dfrac{c_W}{2}} \; (Pr - 1)} \quad . \tag{3.198}$$

Petukhov und Popov (1963) haben die Grenzschichtgleichungen numerisch integriert und daraus die empirische Korrelation

$$St_m = \frac{\dfrac{c_W}{2}}{1 + 12,7 \sqrt{\dfrac{c_W}{2}} \; (Pr^{2/3} - 1)} \tag{3.199}$$

abgeleitet. Der Vergleich der beiden letzten Beziehungen zeigt, daß die Prandtlanalogie die Abhängigkeit der Stantonzahl vom Widerstandskoeffizienten c_W und von der Prandtlzahl bis auf den Exponenten der Prandtlzahl identisch wiedergibt.

Mit der Beziehung von Blasius (3.196) erhält man schließlich für die mittlere Nußeltzahl

$$Nu_m = \frac{0{,}037 \; Re^{0{,}8} \; Pr}{1 + 2{,}443 \; Re^{-0{,}1} \; (Pr^{2/3} - 1)} \quad . \tag{3.200}$$

Für Gase im Bereich $0 < Pr < 1{,}0$ kann diese Beziehung durch die wesentlich einfachere

$$Nu_m = 0{,}0357 \; Re_L^{0{,}8} \; Pr^{0{,}6} \tag{3.201}$$

ersetzt werden. Für die lokale Nußeltzahl ergibt sich die Beziehung

$$Nu_x = 0{,}0287 \ Re_x^{0,8} \ Pr^{0,6} \ . \tag{3.202}$$

Im Gegensatz zu der bisherigen Voraussetzung kann die Grenzschichtströmung an der Plattenvorderkante laminar beginnen und erst nach einer bestimmten Lauflänge turbulent werden, siehe Abb. 3.17, wobei der Umschlagpunkt bei etwa $Re_x = 2 \cdot 10^5$ liegt.

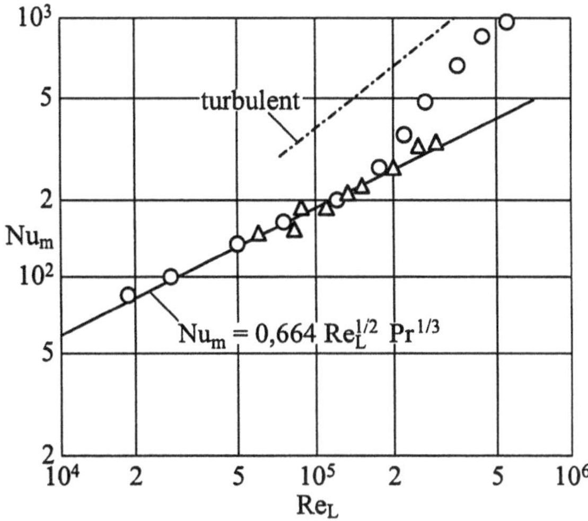

Abb. 3.17: Vergleich der berechneten Nußeltzahl mit experimentellen Daten für die laminare Plattenströmung

Für diesen Fall kann der mittlere Wärmeübergangskoeffizient näherungsweise durch Integration der lokalen Wärmeübergangskoeffizienten für den laminaren und für den turbulenten Bereich

$$\alpha_m = \frac{1}{L} \left(\int_0^l \alpha_{x,l} \ \mathrm{d}x + \int_l^L \alpha_{x,t} \ \mathrm{d}x \right) \tag{3.203}$$

berechnet werden.

Mit Gleichung (3.176)

$$\alpha_{x,l} = 0{,}332 \ \lambda \ Pr^{1/3} \left(\frac{v_\infty}{\nu} \right)^{1/2} x^{-1/2}$$

für die laminare und Gleichung (3.202)

$$\alpha_{x,t} = 0{,}0287 \; \lambda \; Pr^{0,6} \left(\frac{v_\infty}{v}\right)^{0,8} x^{-0,2}$$

für die turbulente Strömung erhält man schließlich

$$Nu_m = 0{,}036 \; Pr^{0,6} \; (Re_L^{0,8} - 9400) \qquad . \tag{3.204}$$

Abb. 3.18 zeigt einen Vergleich dieser Beziehungen mit experimentellen Werten, wobei statt der Prandtlzahlabhängigkeit $Pr^{0,6}$ die von Zhukauskas vorgeschlagene Abhängigkeit $Pr^{0,43} \, (\eta_\infty / \eta_W)^{0,25}$ verwendet wurde, um den Einfluß der Temperaturabhängigkeit der Stoffwerte zu erfassen.

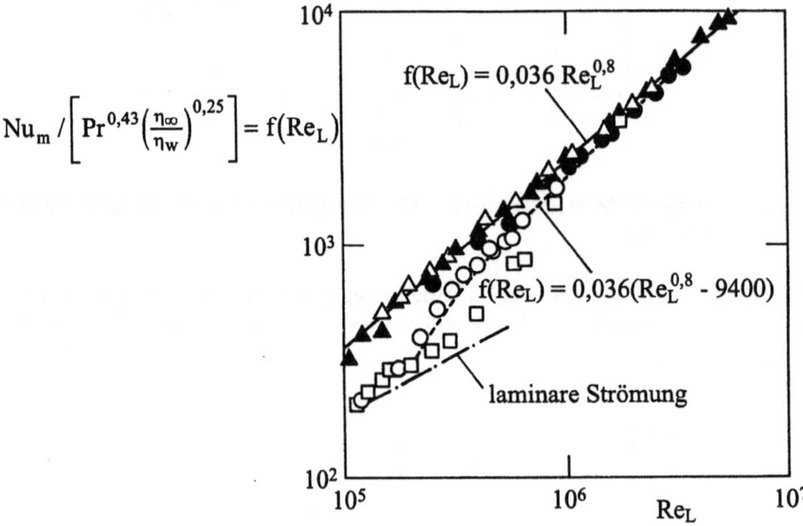

Abb. 3.18: Vergleich der berechneten Nußeltzahl-Beziehung mit experimentellen Daten für die turbulent überströmte ebene Platte

Untersuchungen von Kays und Crawford (1980) zeigen, daß der Wärmeübergang für die Randbedingungen q_W = konst. nur um etwa 4 % besser ist als für T_w = konst. Die thermische Randbedingung ist damit bei turbulenter Strömung von untergeordneter Bedeutung, und die für den Fall T_w = konst. abgeleiteten Beziehungen gelten in erster Näherung auch für q_W = konst.

Auf den Einfluß der Temperaturabhängigkeit der Stoffwerte kann hier nicht näher eingegangen werden, eine ausführliche Darstellung haben Merker (1987) sowie Gersten und Herwig (1992) gegeben.

3.7 Querangeströmte Körper

3.7.1 Staupunkt und Ablösung

Abb. 3.19 zeigt qualitativ den Verlauf der Strömungsgrenzschicht bei der Umströmung eines zylindrischen Körpers. Die Koordinate x liegt dabei in Umströmungsrichtung entlang der gekrümmten Körperoberfläche. Im Vergleich zur ebenen Platte stellen wir zwei wesentliche Änderungen fest: am "vorderen Staupunkt" S bei $x = 0$ hat die Grenzschicht bereits eine endliche Dicke und nach einer bestimmten Lauflänge (Punkt A) löst sie von der Oberfläche ab. Nach dem Ablösepunkt liegt keine Grenzschichtströmung mehr vor, deshalb kann der Wärmeübergang bei abgelöster Strömung nicht mit den Grenzschichtgleichungen beschrieben werden. Wir weisen des weiteren ausdrücklich darauf hin, daß Ablösungen einerseits und Umschlag von laminarer in turbulente Strömung andererseits zwei grundsätzlich verschiedene Phänomene sind, d. h. die abgelöste Strömung kann laminar sein und die laminare Strömung kann turbulent werden, ohne abzulösen.

Der Druck p_δ der Außenströmung am äußeren Rand der Grenzschicht ist wiederum gleich dem Druck auf der Körperoberfläche, weil der Druck in der Grenzschicht durch die Außenströmung aufgeprägt wird. Mit $v = w = 0$ für $y = 0$ erhalten wir aus der Bewegungsgleichung die sog. Wandbindungsgleichung

$$\eta \left(\frac{\partial^2 v}{\partial y^2} \right)_{y=0} = \frac{\mathrm{d}p_\delta}{\mathrm{d}x} . \tag{3.205}$$

Druck und Geschwindigkeit in der Außenströmung werden durch die Bernoulligleichung beschrieben. Durch Differentiation folgt daraus

$$\frac{\mathrm{d}p_\delta}{\mathrm{d}x} = - \rho\, v_\delta\, \frac{\mathrm{d}v_\delta}{\mathrm{d}x}\;. \tag{3.206}$$

Ein positiver Druckgradient tritt demnach bei verzögerter und ein negativer bei beschleunigter Außenströmung auf. Nur bei positivem Druckgradienten bzw. bei verzögerter Außenströmung kann der Geschwindigkeitsgradient an der Körperoberfläche gleich Null werden. Als Ablösepunkt wird die Stelle bezeichnet, an der der Geschwindigkeitsgradient $(\partial v/\partial y)_w$ an der Körperoberfläche gleich Null wird.

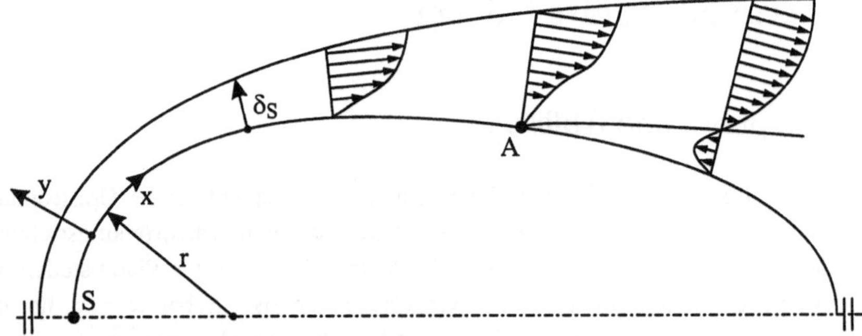

Abb. 3.19: Verlauf der Strömungsgrenzschicht am umströmten Körper

3.7.2 Querangeströmter Zylinder

Auf der Vorderseite des Zylinders wird die Strömung beschleunigt, dabei wird Druckenergie in kinetische Energie umgewandelt. Auf der Rückseite wird die Strömung anschließend wieder verzögert, wobei kinetische Energie in Druckenergie rückgewandelt wird. Infolge der Reibung wird jedoch entlang des Strömungsweges ständig kinetische Energie dissipiert, d. h. in Wärme umgewandelt. Für den Aufbau des ursprünglich vorhandenen Drucks steht deshalb auf der Abströmseite nicht mehr genügend kinetische Energie zur Verfügung. Der Druck hinter dem Zylinder muß jedoch gleich dem Druck vor dem Zylinder sein; die dissipierte kinetische Energie wird deshalb durch Umkehrung der Strömungsrichtung (Rückströmung) aus dem Strömungsfeld der Außenströmung zurückgewonnen. Aus diesem Grunde löst die Strömung von der Oberfläche ab.

Abb. 3.20 zeigt eine Interferenzaufnahme des Anlaufvorgangs am querangeströmten Zylinder nach Grigull (1970, 1971). Die Linien können näherungsweise als Isothermen interpretiert werden.

Abb. 3.20: Temperaturgrenzschicht am querangeströmten Zylinder

Die Abb. 3.21 bis 3.23 zeigen den Verlauf der lokalen Nußeltzahl über dem Umfang für verschiedene Reynoldszahlen. Bei kleineren Reynoldszahlen im Bereich $Re < 10^3$ ist der Wärmeübergang auf der Anströmseite deutlich besser als auf der Abströmseite. Für mittlere Reynoldszahlen im Bereich $10^3 < Re < 10^4$ ist der Verlauf der Nußeltzahlen etwa symmetrisch. Bei höheren Reynoldszahlen steigt der Wärmeübergang unmittelbar nach dem Ablösepunkt infolge der intensiven Wirbelablösung zunächst deutlich an und fällt anschließend wieder ab. Die Abbildungen zeigen ferner, daß sich der Ablösepunkt mit steigender Reynoldszahl allmählich von der Anström- auf die Abströmseite verschiebt.

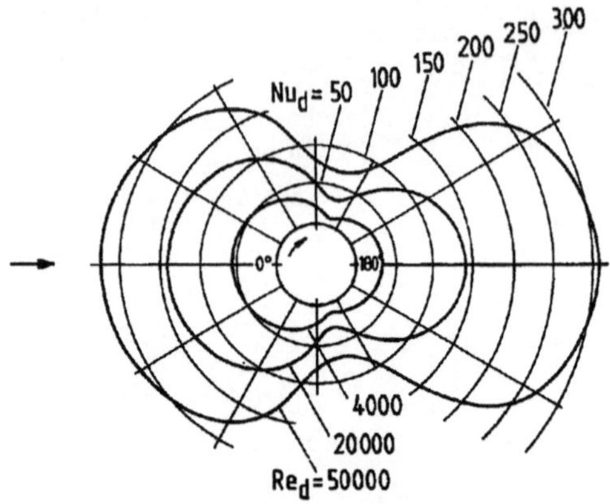

Abb. 3.21: Wärmeübergang am querangeströmten Zylinder für $23 < Re < 597$

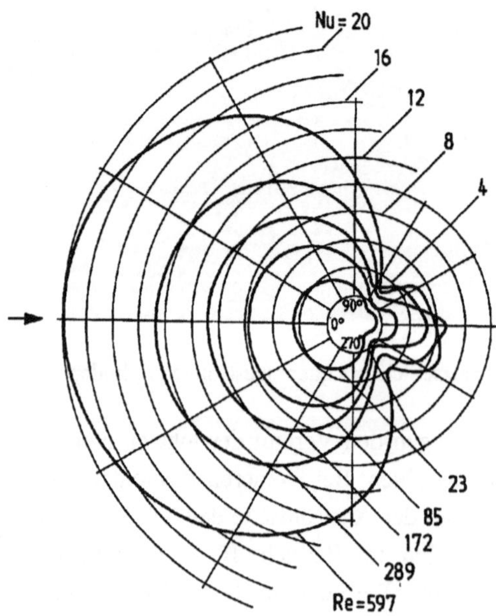

Abb. 3.22: Wärmeübergang am querangeströmten Zylinder für $4 \cdot 10^3 < Re < 5 \cdot 10^4$

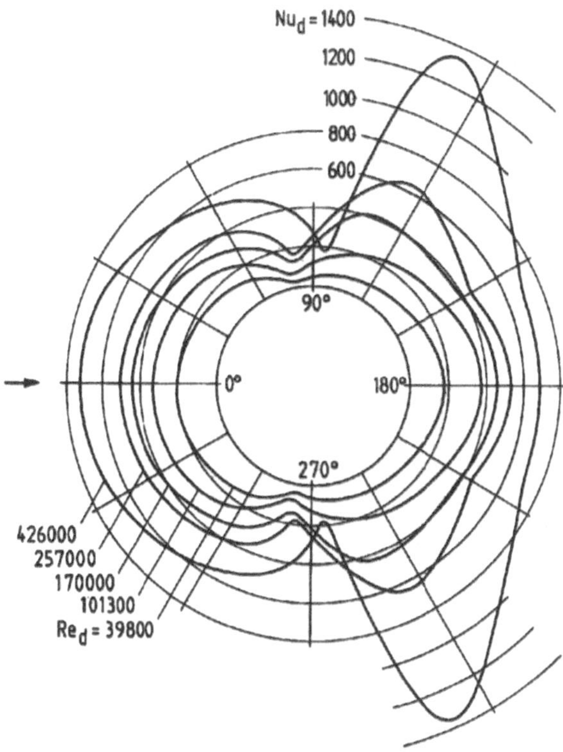

Abb. 3.23: Wärmeübergang am querangeströmten Zylinder für $4 \cdot 10^4 < Re < 4,26 \cdot 10^5$

Für praktische Berechnungen interessiert meist weniger der lokale als vielmehr der mittlere Wärmeübergang. Abb. 3.24 zeigt eine Vergleich von experimentellen Daten mit der empirischen Beziehung

$$Nu_m = (0,4\ Re^{1/2} + 0,06\ Re^{2/3})\ Pr^{0,4} \left(\frac{\eta_m}{\eta_w} \right)^{0,14} \tag{3.207}$$

nach Whitaker (1976).

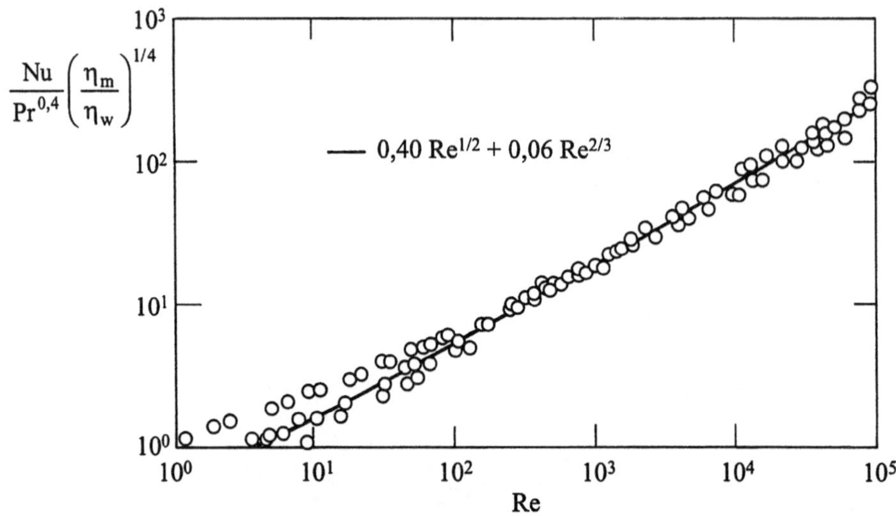

Abb. 3.24: Vergleich der empirischen Korrelation mit experimentellen Daten für den querangeströmten Zylinder

Gnielinski (1975) empfiehlt, aufbauend auf den Beziehungen für die laminar und turbulent überströmte ebene Platte, die Korrelation

$$Nu_m = 0{,}3 + \sqrt{Nu_{m,l}^2 + Nu_{m,t}^2} \tag{3.208}$$

mit

$$Nu_{m,l} = 0{,}664\ Re^{1/2}\ Pr^{1/3} \tag{3.209}$$

und

$$Nu_{m,t} = \frac{0{,}037\ Re^{0,8}\ Pr}{1 + 2{,}443\ Re^{-0,1}\ (Pr^{2/3} - 1)} \tag{3.210}$$

zu verwenden, wobei die Nußelt- und Reynoldszahl mit der Überströmlänge $l = d\,\pi/2$ zu bilden sind.

3.7.3 Die Kugel

Mit abnehmender Anströmgeschwindigkeit gewinnt der an der Kugel durch reine Wärmeleitung übertragene Wärmestrom zunehmend an Bedeutung und im Grenzfall $Re \to 0$ wird, wenn man die freie Konvektion vernachlässigt, Wärme ausschließlich durch reine Wärmeleitung übertragen. Die Oberfläche einer Kugel mit dem Durchmesser d und der Temperatur T_W gibt dann an die Umgebung mit der Temperatur T_∞ den Wärmestrom

$$\dot{Q} = 2\,\pi\,d\,\lambda\,(T_W - T_\infty) \tag{3.211}$$

ab. Vergleicht man diese Beziehung mit der Definitionsgleichung für den Wärmeübergangskoeffizienten

$$\dot{Q} = \pi\,d^2\,\alpha\,(T_W - T_\infty) \tag{3.212}$$

dann erhält man die Asymptote

$$Nu \to 2 \ \text{für} \ Re \to 0 \ . \tag{3.213}$$

Der Wärmeübergang an der Kugel läßt sich deshalb durch empirische Potenzgleichungen der Form

$$Nu = 2 + f(Re, Pr) \tag{3.214}$$

beschreiben.

Brauer und Sucker (1976) haben für die laminare Strömung die Reynolds-gemittelten Navier-Stokes-Gleichungen numerisch integriert und daraus die empirische Potenzgleichung

$$Nu_m = 2 + f(Pr)\,\frac{Pe^{1,7}}{1 + Pe^{1,2}} \tag{3.215}$$

mit

$$f(Pr) = \frac{0,66}{\left[1 + (0,84\,Pr^{1/6})^3\right]^{1/3}} \ , \tag{3.216}$$

und

$$Pe \;=\; Re\;Pr \tag{3.217}$$

für den Wärmeübergang im Bereich

$$\begin{aligned}&0 \le Re \le 2 \cdot 10^5 \;, \\ &0 \le Pr \le \infty\end{aligned} \tag{3.218}$$

entwickelt. Für den turbulenten Bereich mit $Re > 2 \cdot 10^5$ wird wieder die von Gnie-linski angegebene Beziehung (3.208) empfohlen.

Whitaker hat aufbauend auf Gleichung 3.207 für den Wärmeübergang an der Kugel die Gleichung

$$Nu_m \;=\; 2 + (0{,}40\,Re^{1/2} + 0{,}06\,Re^{2/3})\;Pr^{0{,}4}\left(\frac{\eta_m}{\eta_w}\right)^{1/4} \tag{3.219}$$

angegeben und diese mit experimentellen Ergebnissen (Abb. 3.25) verglichen.

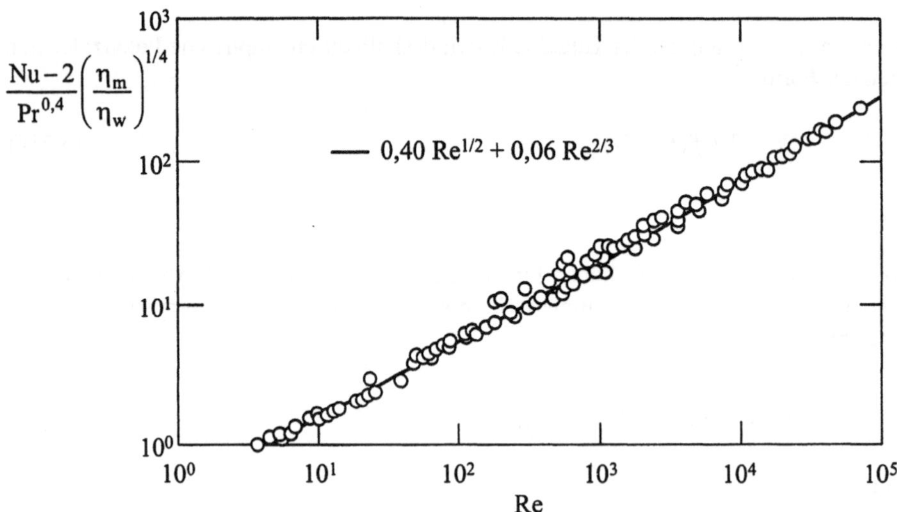

Abb. 3.25: Wärmeübergang an der Kugel: Experiment und Beziehung nach Whitaker (1976)

Der Einfluß der Temperaturabhängigkeit der Stoffwerte wird in den oben angegebenen Beziehungen in der Regel hinreichend genau erfaßt, wenn die Stoffwerte bei der Filmtemperatur $T_f = (T_W + T_\infty)/2$ eingesetzt werden.

3.8 Übungsaufgaben

Aufgabe 3.1:

Durch ein Rohr mit $d = 50$ mm Innendurchmesser und $L = 3$ m Länge fließt ein Wasserstrom $\dot{m} = 150$ kg / h ($\nu_{Wasser} = 0{,}658 \cdot 10^{-6}$ m^2 / s, $\rho_{Wasser} = 992{,}22$ kg / m^3, $\lambda_{Wasser} = 630{,}6 \cdot 10^{-3}$ W / (m K), $c_p = 4177$ J / (kg K)) mit einer Temperatur von $T_m = 40\,^\circ$C. Es soll der konvektive Wärmeübergangskoeffizient α berechnet werden, für den Fall, daß die Rohrwandtemperatur $T_W = 30\,^\circ$C beträgt und

a) die Strömung am Eintritt hydrodynamisch und thermisch ausgebildet ist.

b) die Strömung am Eintritt hydrodynamisch ausgebildet ist (thermischer Einlauf). Geben Sie die thermische Einlauflänge L_{th} an.

c) die Strömung am Eintritt weder hydrodynamisch noch thermisch ausgebildet ist (simultaner Einlauf). Geben Sie die hydrodynamische und thermische Einlauflänge an.

Aufgabe 3.2:

Heiße Luft ($\rho_L = 1$ kg / m^3, $\lambda_L = 0{,}03$ W / (m K), $c_p = 1010$ J / (kg K), $\nu_L = 208 \cdot 10^{-7}$ m^2 / s) strömt mit einem Massenstrom von $\dot{m} = 0{,}05$ kg / s durch ein nichtisoliertes Stück Metallrohr mit dem Durchmesser $D = 0{,}15$ m. Die heiße Luft strömt mit einer Temperatur von 103 °C ein und verläßt das Rohr der Länge $L = 5$ m mit 77 °C. Der Wärmeübergangskoeffizient zwischen der äußeren Rohroberfläche und der umgebenden Luft ($T_\infty = 0\,^\circ$C) ist bekannt mit $\alpha_a = 6$ W / (m^2 K).

a) Bestimmen Sie die Gesamtwärmestromverluste des Rohres über die Länge L.

b) Bestimmen Sie die Wärmestromdichte und die Rohroberflächenparameter am Rohraustritt ($x = L$).

Aufgabe 3.3:

Ein Labor soll mit wenig Aufwand gekühlt werden. Dazu wird der Wärmeübergang an einem vertikalen, ebenen Plattenkühler (Höhe $H = 0,3$ m, Breite $b = 1$ m) untersucht. Der Wärmeübergang soll nur an der Vorder- und Rückseite berücksichtigt werden. Die mittlere Plattentemperatur $T_P = 12\,°\mathrm{C}$ und die Umgebungstemperatur $T_U = 20\,°\mathrm{C}$ sind konstant. Die maximale Temperaturerhöhung des Kühlwassers soll kleiner als $\Delta T = 3$ K sein, wenn der Plattenkühler mit $w = 1$ m/s längs angeströmt wird.

a) Wie groß ist der mittlere Wärmeübergangskoeffizient α ?

b) Welche Kühlleistung ergibt sich daraus?

c) Wie groß ist der minimale Kühlwasserbedarf?

Stoffwerte Luft:　　　　　　　$\lambda = 0,025$ W/(m K), $v = 15 \cdot 10^{-6}$ m^2/s, $Pr = 0,71$
Stoffwert Wasser:　　　　　　$c_{pW} = 4,2$ kJ/(kg K)

Aufgabe 3.4:

An einem Metallzylinder mit dem Durchmesser $D = 12,7$ mm und der Länge $L = 94$ mm sind Versuche bezüglich des konvektiven Wärmeüberganges durchgeführt worden. Der Zylinder wird intern elektrisch beheizt und wird von Luft in einem Windkanal quer angeströmt. Die Freistromtemperatur ist zu $T_\infty = 26,2\,°\mathrm{C}$ und die Geschwindigkeit zu $v = 10$ m/s bestimmt worden. Bei einer Heizleistung von $P = 46$ W stellt sich dabei stationär eine Oberflächentemperatur von $T_W = 128,4\,°\mathrm{C}$ ein. Es sei angenommen, daß etwa 15 % der Heizleistung durch Oberflächenstrahlung und Wärmeleitung an den Endstücken verloren geht.

a) Bestimmen Sie den konvektiven Wärmeübergangskoeffizienten aus den experimentellen Daten.

b) Vergleichen Sie das experimentelle Ergebnis mit dem aus Näherungsgleichungen bestimmbaren Wärmeübergangskoeffizienten.

Stoffwerte von Luft bei:

77 °C: $v = 20,92 \cdot 10^{-6}$ m^2/s, $\lambda = 30 \cdot 10^{-3}$ W/(m K), $\rho = 0,994$ kg/m^3, $Pr = 0,7$

128,4 °C: $v = 26,91 \cdot 10^{-6}$ m^2/s, $\rho = 0,909$ kg/m^3

4 Freie Konvektion an der vertikalen Platte

Im Gegensatz zur erzwungenen Konvektion entsteht die Bewegung eines Fluids bei der freien Konvektion ausschließlich durch Dichteunterschiede als Folge von Temperaturgradienten. Die aus der Temperaturabhängigkeit der Dichte resultierenden Auftriebskraft ist die Antriebskraft für die Bewegung des Fluids. Die Abhängigkeit der Dichte von der Temperatur ist damit grundsätzlich in allen Termen der das Problem beschreibenden Differentialgleichungen zu berücksichtigen.

Bei der erzwungenen Konvektion (Kap. 3) und konstanten Stoffwerten kann die Bewegungsgleichung völlig unabhängig von der Energiegleichung integriert und damit das Strömungsfeld berechnet werden, bei temperaturabhängigen Stoffwerten sind die beiden Gleichungen schwach gekoppelt. Bei der freien Konvektion sind die beiden Gleichungen jedoch wegen der temperaturabhängigen Dichte im jetzt zusätzlich auftretenden Auftriebsterm dagegen stark gekoppelt.

4.1 Grundlagen

Experimentelle Beobachtungen zeigen, daß die Strömung an einer vertikalen Platte bei freier Konvektion ebenfalls Grenzschichtcharakter besitzt und deshalb analog zu den Gleichungen 3.123-3.126 durch die Grenzschichtgleichungen

$$\frac{\partial v}{\partial x} + \frac{\partial w}{\partial y} = 0 \tag{4.1}$$

$$\rho \left(v \frac{\partial v}{\partial x} + w \frac{\partial v}{\partial y} \right) = \eta \frac{\partial^2 v}{\partial y^2} - (\rho - \rho_0) g \tag{4.2}$$

$$\rho \, c_p \left(v \frac{\partial T}{\partial x} + w \frac{\partial T}{\partial y} \right) = \lambda \frac{\partial^2 T}{\partial y^2} \tag{4.3}$$

beschrieben werden können, wobei das Fluid als inkompressibel vorausgesetzt, die Dissipation in der Energiegleichung vernachlässigt und der Druck außerhalb der Grenzschicht wieder als konstant angenommen wird.

Abb. 4.1 zeigt qualitativ das Geschwindigkeits- und das Temperaturprofil in der Grenzschicht an einer beheizten vertikalen Wand. Weil das Strömungsfeld ausschließlich durch Temperatur- bzw. Dichtegradienten induziert wird und die Übertemperatur $(T - T_\infty)$ für $y \to \infty$ gegen Null geht, muß auch die Geschwindigkeit $v(y)$ für $y \to \infty$ gegen Null gehen. Gleichzeitig muß die Geschwindigkeit $v(y = 0)$ direkt an der Platte aufgrund der Haftbedingung Null sein. Das Geschwindigkeitsprofil weist damit zwangsläufig ein Maximum auf.

Der Vollständigkeit halber weisen wir darauf hin, daß die Grenzschichttheorie im unmittelbaren Bereich der Vorderkante nicht gültig ist, siehe dazu Merker (1987).

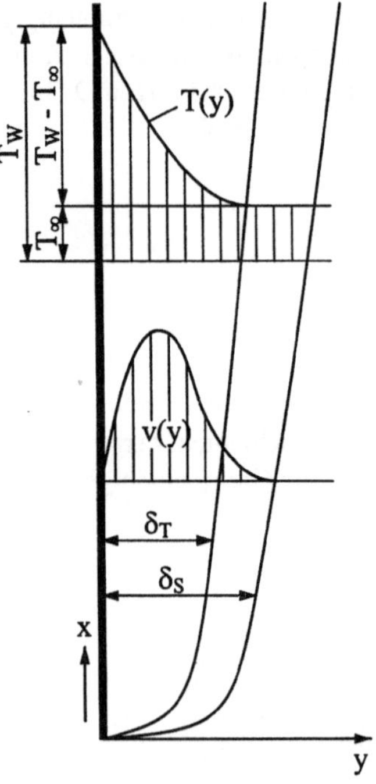

Abb. 4.1: Temperatur- und Geschwindigkeitsprofil bei freier Konvektion und $Pr < 1$

4.2 Oberbeck-Boussinesq-Approximation

Wir setzen voraus, daß die Dichte lediglich eine Funktion der Temperatur ist und entwickeln diese in eine Taylorreihe um den Referenzpunkt T_0

$$\rho\,(T) = \rho\,(T_0) + \left(\frac{\partial\,\rho}{\partial\,T}\right)_0 (T - T_0) + \frac{1}{2}\left(\frac{\partial^2\rho}{\partial\,T^2}\right)_0 (T - T_0)^2 + \ldots \quad (4.4)$$

Mit dem isobaren thermischen Ausdehnungskoeffizienten

$$\beta = -\frac{1}{\rho}\left(\frac{\partial\,\rho}{\partial\,T}\right)_p \quad (4.5)$$

folgt daraus bei Vernachlässigung der Terme höherer Ordnung

$$\frac{\rho(T) - \rho_0}{\rho_0} = -\beta_0\,(T - T_0)\ , \quad (4.6)$$

wenn mit $\rho_0 = \rho\,(T_0)$ die Dichte bei der Referenztemperatur T_0 bezeichnet wird. Diese Beziehung gilt voraussetzungsgemäß solange $\beta_0\,(T - T_0) \ll 1$ ist, also für ein inkompressibles Fluid. Betrachtet man die übrigen Stoffwerte, also $a_0 = (\lambda\,/\rho\,c_p)_0$ und $\nu_0 = (\eta/\rho)_0$ als konstant, dann versteht man unter der Oberbeck-Boussinesq-Approximation die folgenden drei Annahmen:

- die Dichte wird in allen Termen außer im Auftriebsterm der Bewegungsgleichung als konstant betrachtet,
- alle übrigen Stoffwerte werden als konstant vorausgesetzt und
- die Energiedissipation wird vernachlässigt.

Damit wird der Wärmeübergang an der vertikalen Wand bei freier Konvektion durch die vereinfachten Grenzschichtgleichungen

$$\boxed{\frac{\partial\,v}{\partial\,x} + \frac{\partial\,w}{\partial\,y} = 0} \quad (4.7)$$

$$v \frac{\partial v}{\partial x} + w \frac{\partial v}{\partial y} = v_0 \frac{\partial^2 v}{\partial y^2} + \beta_0 \, g \, (T - T_0) \tag{4.8}$$

$$v \frac{\partial T}{\partial x} + w \frac{\partial T}{\partial y} = a_0 \frac{\partial^2 T}{\partial y^2} \tag{4.9}$$

beschrieben, wenn mit w die Geschwindigkeitskomponente senkrecht zur Platte bezeichnet wird.

Diese Grenzschichtgleichungen lassen sich bei laminarer Strömung mit Hilfe eines Ähnlichkeitsansatzes exakt und bei turbulenter Strömung mit dem Integrationsverfahren näherungsweise lösen, siehe z. B. Merker (1987). Beide Fälle wollen wir im folgenden genauer betrachten.

4.3 Wärmeübergang bei laminarer Strömung

Die Grenzschichtgleichungen müssen entsprechend den Randbedingungen

$$v = w = 0, \quad T = T_W \qquad \text{für} \qquad y = 0,$$
$$v = w = 0, \quad T = T_\infty \qquad \text{für} \qquad y \to \infty$$

gelöst werden. Durch Einführen der Stromfunktion $\psi \, (x, y)$ entsprechend der Definition

$$v = \frac{\partial \psi}{\partial y}, \quad w = - \frac{\partial \psi}{\partial x}$$

wird die Kontinuitätsgleichung identisch erfüllt. Mit der dimensionslosen Temperatur $\Theta = (T - T_\infty)/(T_W - T_\infty)$ und dem Ähnlichkeitsansatz

$$\psi = F(\xi) \, H(x),$$
$$\Theta = \Theta(\xi),$$
$$\xi = y \, G(x),$$

lassen sich die partiellen Grenzschichtdifferentialgleichungen auf die beiden gewöhnlichen Differentialgleichungen

$$F''' + 3\,F''\,F - 2\,(F')^2 + \Theta = 0,$$
$$\Theta'' + 3\,Pr\,\Theta'\,F = 0, \tag{4.10}$$

für die Funktionen $F(\xi)$ und $\Theta(\xi)$ zurückführen. Man erkennt deutlich die starke Kopplung zwischen Strömungs- und Temperaturfeld. Ähnliche Lösungen existieren nur für

$$G(x) = \left(\frac{Gr_x}{4}\right)^{1/4}\frac{1}{x} \tag{4.11}$$

$$H(x) = 4\,v\left(\frac{Gr_x}{4}\right)^{1/4}, \tag{4.12}$$

wobei mit

$$\boxed{Gr_x \equiv \frac{g\,x^3}{v^2}\,\beta\,(T_W - T_\infty)} \tag{4.13}$$

die lokale Grashofzahl definiert ist. Damit folgt zunächst für die Ähnlichkeitsvariable der Ausdruck

$$\xi = \left(\frac{Gr_x}{4}\right)^{1/4}\frac{y}{x}. \tag{4.14}$$

Für die Wärmestromdichte q_W an der Wand erhält man (vgl. Kap. 1.1)

$$\begin{aligned}
q_W &= -\lambda\left(\frac{\partial T}{\partial y}\right)_W = -\lambda\,(T_W - T_\infty)\left(\frac{\partial \Theta}{\partial y}\right)_W \\
&= -\lambda\,(T_W - T_\infty)\frac{1}{x}\left(\frac{Gr_x}{4}\right)^{1/4}\left(\frac{\partial \Theta}{\partial \xi}\right)_W
\end{aligned} \tag{4.15}$$

und daraus mit $\Theta'(0) \equiv (\partial \Theta/\partial \xi)_W$ für die lokale Nußeltzahl

$$Nu_x = \frac{q_W\,x}{\lambda\,(T_w - T_\infty)} = -\left(\frac{Gr_x}{4}\right)^{1/4}\Theta'(0). \tag{4.16}$$

Der dimensionslose Temperaturgradient $\Theta'(0)$ an der Wand ist, wie auch die obige gewöhnliche Differentialgleichung für Θ zeigt, lediglich eine Funktion der Prandtlzahl Pr. Deshalb ersetzt man in der Beziehung für die Nußeltzahl die Grashofzahl entsprechend

$$Ra \equiv Gr\ Pr \tag{4.17}$$

durch die Rayleighzahl und erhält damit

$$\frac{Nu_x}{Ra_x^{1/4}} = -\left(\frac{1}{4\ Pr}\right)^{1/4} \Theta'(0) = f(Pr)\ . \tag{4.18}$$

Die lokale Wärmestromdichte q_w nimmt demnach über die Höhe der Platte proportional zu $x^{-1/4}$ ab.

Die numerische Lösung von Ostrach (1953) für $f(Pr)$ wird durch die von Le Fèvre (1956) entwickelte Interpolationsgleichung

$$\boxed{\frac{Nu_x}{Ra_x^{1/4}} = \left(\frac{0{,}13\ Pr}{1 + 2{,}006\ \sqrt{Pr} + 2{,}034\ Pr}\right)^{1/4}} \tag{4.19}$$

auf $\pm 1\ \text{‰}$ genau wiedergegeben, siehe auch Abb. 4.2. In die Abbildung sind zusätzlich die von Squire (1938) mit der Integralmethode berechnete Näherungslösung

$$\frac{Nu_x}{Ra_x^{1/4}} = 0{,}508 \left(\frac{Pr}{0{,}952 + Pr}\right)^{1/4}$$

sowie die beiden Asymptoten

$$\frac{Nu_x}{Ra_x^{1/4}} = \begin{cases} 0{,}6\ Pr^{1/4} & \text{für} \quad Pr \to 0 \\ 0{,}503 & \text{für} \quad Pr \to \infty \end{cases}$$

eingezeichnet.

Die Lösungen für das Geschwindigkeits- und das Temperaturprofil, $F'(\xi)$ und $\Theta(\xi)$, sind in den Abbildungen 4.3 und 4.4 dargestellt.

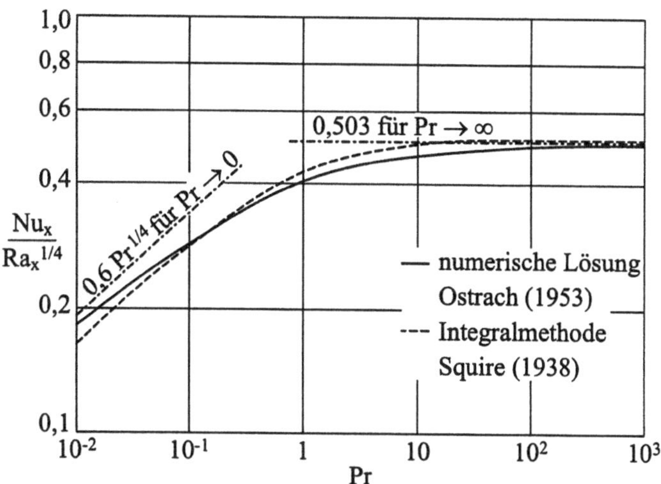

Abb. 4.2: Wärmeübergang an der vertikalen Platte bei freier Konvektion und T_W = konst.

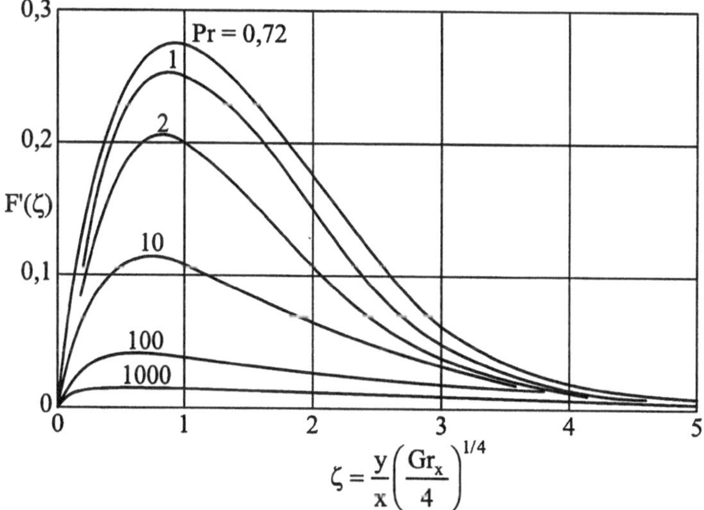

Abb. 4.3: Ähnlichkeitslösung für das Geschwindigkeitsprofil bei freier Konvektion an der vertikalen Platte bei T_W = konst., nach Ostrach (1953)

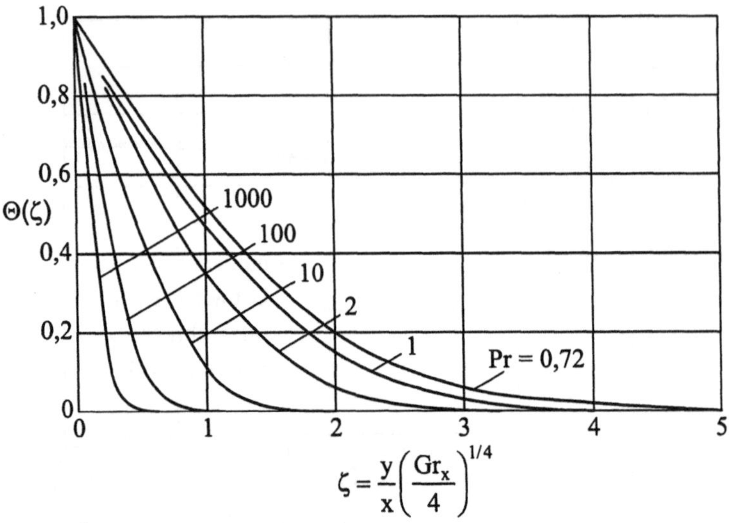

$$\zeta = \frac{y}{x}\left(\frac{Gr_x}{4}\right)^{1/4}$$

Abb. 4.4: Ähnlichkeitslösung für das Temperaturprofil bei freier Konvektion an der vertikalen
Platte bei T_w = konst., nach Ostrach (1953)

Unter Verwendung von δ_s und δ_T für die Strömungs- und die Temperaturgrenzschichtdicken kann das Geschwindigkeitsprofil (Abb. 4.3) und das Temperaturprofil
(Abb. 4.4) näherungsweise durch die einfachen Polynome

$$\frac{v(x,y)}{U(x)} = \frac{y}{\delta_s}\left(1 - \frac{y}{\delta_s}\right)^2 \,,$$

$$\frac{T - T_\infty}{T_w - T_\infty} = \left(1 - \frac{y}{\delta_T}\right)^2$$

(4.20)

mit $U(x)$ als Maßstabsfaktor für die Geschwindigkeit beschrieben werden. Diese
Polynome liegen der von Squire (1958) angegebenen Näherungslösung zugrunde.

Für $Pr \approx 1$ sind Strömungs- und die Temperaturgrenzschicht näherungsweise gleich
dick ($\delta_s = \delta_T = \delta$) und dafür erhält Squire für den Verlauf der Grenzschichtdicke

$$\frac{\delta}{x} = \frac{2}{f(Pr)}\,Ra_x^{-1/4} \,,$$

(4.21)

d. h. die Grenzschichtdicke δ nimmt proportional mit $x^{1/4}$ zu. Wir haben weiter oben gezeigt, daß der Wärmeübergangskoeffizient proportional zu $x^{-1/4}$ abnimmt. Damit folgt, daß der lokale Wärmeübergangskoeffizient umgekehrt proportional zur lokalen Grenzschichtdicke ist. Durch Integration über die Plattenhöhe erhält man für die mittlere Nußeltzahl

$$Nu_m = \frac{4}{3} \, Nu_{x=L} \; . \tag{4.22}$$

Die mittlere Nußeltzahl ist damit um 33% größer als die lokale am Plattenende.

4.4 Wärmeübergang bei turbulenter Strömung

Bei turbulenter Strömung können die Grenzschichtgleichungen näherungsweise mit dem Integralverfahren integriert werden, wobei geeignete Ansätze für das Geschwindigkeits- und das Temperaturprofil benötigt werden, siehe Merker (1987). In Anlehnung an das 1/7-Potenzgesetz (s. Kap. 3.3.1 und 3.3.2) bei der erzwungenen Konvektion und in Übereinstimmung mit experimentellen Daten findet man dafür

$$\frac{v(x,y)}{U(x)} = \left(\frac{y}{\delta_s}\right)^{1/7} \left(1 - \frac{y}{\delta_s}\right)^4 ,$$

$$\frac{T - T_\infty}{T_W - T_\infty} = 1 - \left(\frac{y}{\delta_T}\right)^{1/7} \; . \tag{4.23}$$

Die Näherung $\delta_s = \delta_T = \delta$ für $Pr \geq 1$ führt schließlich auf

$$\frac{U(x)\,x}{v} = 1{,}185 \; Gr_x^{1/2} \left(\frac{1}{1 + 0{,}494 \; Pr^{2/3}}\right)^{1/2} \tag{4.24}$$

für die Geschwindigkeit und auf

$$\frac{\delta}{x} = 0{,}565 \; Gr_x^{-1/10} \left(\frac{1 + 0{,}494 \; Pr^{2/3}}{Pr^{8/15}}\right)^{1/10} \tag{4.25}$$

für die Dicke der Grenzschicht.

Für die örtliche Nußeltzahl ergibt sich

$$\frac{Nu_x}{Ra_x^{2/5}} = 0,0295 \left(\frac{Pr^{5/6}}{1 + 0,494 \, Pr^{2/3}} \right)^{2/5} \qquad\qquad (4.26)$$

und daraus durch Integration über die Höhe der Platte für die mittlere Nußeltzahl

$$Nu_m = \frac{5}{6} \, Nu_{x \, = \, L} \, , \qquad\qquad (4.27)$$

d. h. die mittlere Nußeltzahl beträgt etwa 83 % der lokalen am oberen Ende der Platte.

Durch numerische Integration der Grenzschichtgleichungen unter Verwendung eines k-ε-Modells haben Lin und Churchill (1978) für $Pr = 5,8$ (Wasser) die in Abb. 4.5 dargestellte Abhängigkeit berechnet und mit den Meßwerten von Fujii (1970) verglichen.

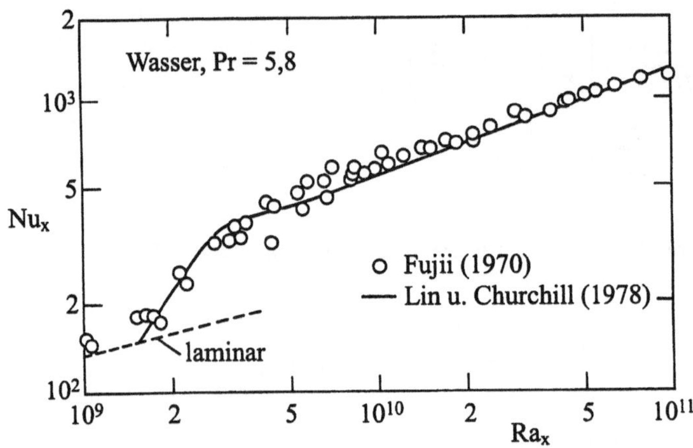

Abb. 4.5: Vergleich berechneter und gemessener Werte für den Wärmeübergang bei turbulenter, freier Konvektion an der vertikalen Platte

Für die turbulente Plattengrenzschicht mit laminaren Anlauf empfehlen Churchill und Chu (1975) die empirische Korrelation

$$Nu_m^{1/2} = 0,825 + \frac{0,387 \, Ra^{1/6}}{\left[1 + \left(\dfrac{0,492}{Pr}\right)^{9/16}\right]^{8/27}} \, . \qquad (4.28)$$

Die angegebenen Beziehungen gelten näherungsweise auch für q_w = konst. Für weitere Ausführungen wird auf Merker (1987) verwiesen.

4.5 Übungsaufgaben

Aufgabe 4.1:

Bier in zylindrischen Dosen von $H = 150$ mm Höhe und $D = 60$ mm Durchmesser hat eine Temperatur von $T_w = 27\,°\text{C}$ und soll in einem Kühlschrank, dessen Lufttemperatur $T_\infty = 4\,°\text{C}$ beträgt, gekühlt werden. Wann kühlt sich das Bier schneller ab, wenn man die Dosen in den Kühlschrank legt, oder wenn man sie stellt?

Stoffwerte für Luft bei 15,5 °C:

$\lambda = 0,0235$ W $/$ (m K), $v = 14,93 \cdot 10^{-6}$ m^2 $/$ s, $Pr = 0,715$, $\beta_P = 3,608 \cdot 10^{-3}$ 1$/$K

Aufgabe 4.2:

Lösen Sie Aufgabe 3.3 (S. 138), wenn der Plattenkühler nur aufgrund freier Konvektion an Vorder- und Rückseite Wärme von der Luft ($\beta_P = 3,4 \cdot 10^{-3}$ 1$/$K) aufnimmt.

5 Konvektiver Wärmeübergang in mehrphasigen Fluiden

In den vorausgegangenen Kapiteln haben wir die konvektive Wärmeübertragung in einphasigen Fluiden behandelt, wobei wir ein inkompressibles Fluid und konstante Stoffwerte vorausgesetzt haben; lediglich bei der freien Konvektion haben wir die Dichte im Auftriebsterm der Bewegungsgleichung als temperaturabhängig eingeführt.

Im folgenden wird der Wärmeübergang in strömenden Fluiden mit Phasenwechsel betrachtet, wobei der Übergang von der gasförmigen in die flüssige Phase als Kondensation und der umgekehrte Vorgang als Verdampfung oder Sieden bezeichnet wird. Die Stoffwerte der beiden Phasen sind in der Regel deutlich verschieden und müssen deshalb für jede Phase getrennt betrachtet werden. Durch die Dichtedifferenz zwischen Flüssigkeit und Gas, also $(\rho_L - \rho_G)g \neq 0$, tritt zudem freie Konvektion auf, die den Wärmeübergang unterstützen kann. Daher ist bezüglich des konvektiven Wärmeübergangs bei mehrphasigen Fluiden mit deutlich höheren Wärmeübergangskoeffizienten als bei einphasigen Fluiden zu rechnen.

Im Rahmen dieser Einführung können wir nur die wesentlichen Grundlagen kurz erläutern, für eine ausführliche Darstellung sei auf Stephan (1988), Baehr und Stephan (1994) und auf den VDI-Wärmeatlas (1994) verwiesen.

5.1 Wärmeübergang beim Kondensieren

Trifft Dampf auf eine kalte Wand, so geht dieser in die flüssige Phase über, sofern die Wandtemperatur unter der Dampfsättigungstemperatur liegt. Das gebildete Kondensat kühlt sich durch Wärmeabfuhr an die kalte Wand weiter ab, dadurch kann sich zusätzlicher Dampf auf diesem Kondensatfilm niederschlagen. Die Kondensation selbst kann dabei in unterschiedlicher Weise erfolgen.

5.1.1 Phänomenologie

Je nach Art der Kondensation unterscheidet man zwischen Film- und Tropfenkondensation, siehe Abb. 5.1. Bei der *Filmkondensation* bildet das Kondensat einen zusammenhängenden Film, wobei dieser Kondensatfilm *ruhend*, *laminar* oder *turbulent* abströmen kann. Der thermische Widerstand des Kondensatfilms selbst ist entscheidend für die Kondensationsgeschwindigkeit.

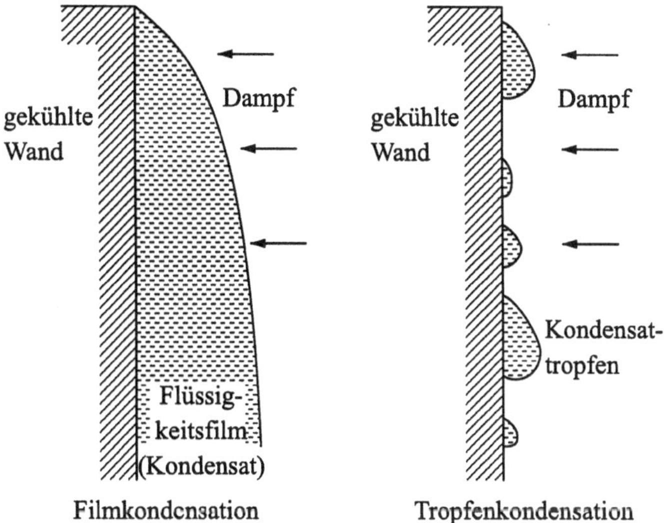

Abb. 5.1: Arten der Kondensation an gekühlten Wänden

Statt eines geschlossenen Kondensatfilms können auch nur einzelne Tropfen entstehen, man spricht dann von *Tropfenkondensation*. Ob Film- oder Tropfenkondensation auftritt, hängt von der *Benetzbarkeit* der Wand ab, die durch den sogenannten Randwinkel β_0 beschrieben wird und der aus der Gleichgewichtsbilanz der Grenzflächenspannung

$$\sigma_{SG} - \sigma_{SL} = \sigma_{LG} \cos \beta_0 \tag{5.1}$$

σ_{SG} : Wand gegen Dampf

σ_{SL} : Wand gegen Flüssigkeit

σ_{LG} : Flüssigkeit gegen Dampf

folgt, siehe Abb. 5.2.

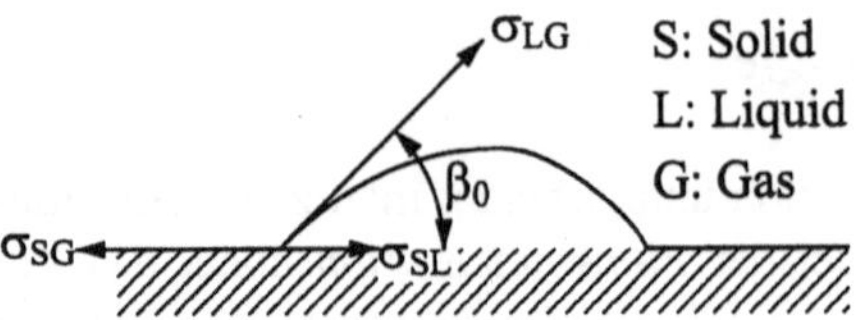

Abb. 5.2: Grenzflächenspannungen am Kondensattropfen

Für $\sigma_{SG} \geq (\sigma_{SL} + \sigma_{LG})$ ist der Randwinkel $\beta_0 = 0$ und die Oberfläche wird vollständig benetzt.

In technischen Apparaten müssen oft *Dampfgemische* kondensiert werden, deren Komponenten meist sehr unterschiedliche Siedepunkte haben oder deren flüssige Phasen sich nicht mischen. Des weiteren kann Kondensation an sogenannten "Kondensationskeimen", das sind winzige Partikel im Gas, auftreten. Man beobachtet dann einen Flüssigkeitsnebel, z. B. die durch Düsenflugzeuge verursachten Kondensationsstreifen. Auf diese technisch wichtigen Aufgabenstellungen kann hier jedoch nicht weiter eingegangen werden. Im folgenden wollen wir uns nur mit der Filmkondensation näher beschäftigen.

5.1.2 Nußeltsche Wasserhauttheorie

Kondensiert der Gasstrom eines reinen Stoffes (kein Gemisch) an einer gekühlten senkrechten Wand, dann bildet sich ein Kondensatfilm, der unter dem Einfluß der Schwerkraft nach unten abfließt. Falls der Kondensatfilm hinreichend dünn ist, strömt das Kondensat laminar und der Energietransport erfolgt im wesentlichen durch Wärmeleitung von der Kondensatoberfläche zur Wand. Der Anteil des durch Konvektion des Flüssigkeitsfilms übertragenen Wärmestroms ist dabei vernachlässigbar.

Bereits 1916 hat Nußelt eine einfache Theorie zur Berechnung des Wärmeübergangs bei Filmkondensation entwickelt, die als Nußeltsche Wasserhauttheorie bekannt geworden ist und im folgenden erläutert wird.

Abb. 5.3 zeigt einen laminaren Kondensatfilm mit der Dicke $\delta(x)$ an einer senkrechten Wand. Eingezeichnet sind das Geschwindigkeitsprofil $v(y)$ bei laminarer Strömung und das Temperaturprofil $T(y)$. Mit den Annahmen, daß die Strömung stationär und näherungsweise als zweidimensional betrachtet werden kann, liefert die Kräftebilanz am Volumenelement die Beziehung

$$\rho_L\, g\, \mathrm{d}x\, \mathrm{d}y\, b + \mathrm{d}y\, b(p_x - p_{x+\mathrm{d}x}) + \mathrm{d}x\, b(\tau_{y+\mathrm{d}y} - \tau_y) = 0. \qquad (5.2)$$

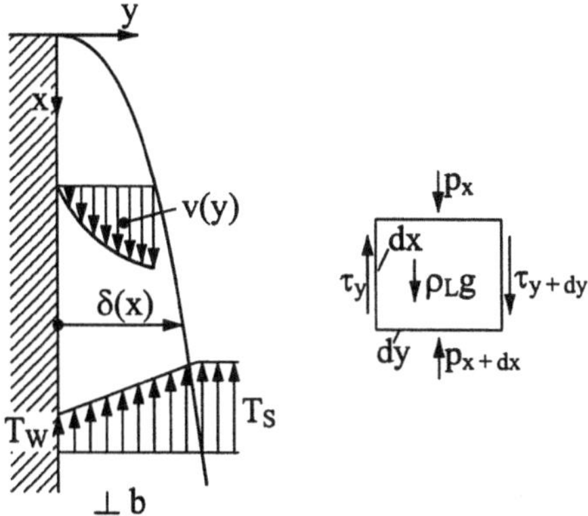

Abb. 5.3: Laminarer Kondensatfilm an einer senkrechten Wand

Mit den Taylorreihenentwicklungen

$$p_{x+dx} = p_x + \frac{\partial p_x}{\partial x}\,dx,$$

$$\tau_{y+dy} = \tau_y + \frac{\partial \tau_y}{\partial y}\,dy,$$

und nach Weglassen der Indizes erhält man daraus zunächst

$$-\rho_L\,g\,dx\,dy + dy\,\frac{\partial p}{\partial x}\,dx - dx\,\frac{\partial \tau}{\partial y}\,dy = 0 \tag{5.3}$$

und weiter

$$\frac{\partial \tau}{\partial y} = -\rho_L\,g + \frac{dp}{dx}\,. \tag{5.4}$$

Die Kräftebilanz für den Gasraum liefert

$$\frac{dp}{dx} = \rho_G g\,. \tag{5.5}$$

Betrachtet man das Kondensat als Newtonsche Flüssigkeit

$$\tau = \eta_L\,\frac{\partial v}{\partial y} \tag{5.6}$$

und nimmt man konstante Stoffwerte an, so folgt schließlich

$$\frac{\partial^2 v}{\partial y^2} = -\frac{1}{\eta_L}(\rho_L - \rho_G)g \ . \tag{5.7}$$

Durch Integration folgt daraus

$$v = -\frac{\rho_L - \rho_G}{\eta_L}\, g\, \frac{y^2}{2} + C_1 y + C_2 \ . \tag{5.8}$$

Mit den beiden Randbedingungen

$$v = 0 \qquad \text{für} \qquad y=0 \qquad \text{(Wand)}$$

$$\frac{\partial v}{\partial y} = 0 \qquad \text{für} \qquad y=\delta \qquad \text{(Kondensatoberfläche)}$$

erhält man für das Geschwindigkeitsprofil die Beziehung

$$v = \frac{\rho_L - \rho_G}{\eta_L} g\delta^2 \left[\frac{y}{\delta} - \frac{1}{2}\left(\frac{y}{\delta}\right)^2\right] \ . \tag{5.9}$$

Für den abfließenden Kondensatmassenstrom

$$\dot{M} = \int_0^\delta b\rho_L v(y)\ \mathrm{d}y = b\rho_L \int_0^\delta v(y)\ \mathrm{d}y \tag{5.10}$$

ergibt sich damit

$$\dot{M} = \frac{\rho_L(\rho_L - \rho_G)}{3\eta_L} gb\delta^3 \ . \tag{5.11}$$

Bei Kondensation der differentiell kleinen Masse $\mathrm{d}M$ muß die Verdampfungsenthalpie Δh_v entsprechend

$$\mathrm{d}\dot{Q} = \Delta h_v \mathrm{d}\dot{M} \tag{5.12}$$

abgeführt werden, wobei für $\mathrm{d}\dot{Q}$ unter Annahme eines linearen Temperaturprofils

$$dQ = \lambda_L \frac{T_S - T_W}{\delta} b \, dx \tag{5.13}$$

folgt. Für $d\dot{M}/d\delta$ erhält man durch Differentiation aus der Beziehung für $\dot{M}(\delta)$

$$\frac{d\dot{M}}{d\delta} = \frac{\rho_L(\rho_L - \rho_G)}{\eta_L} gb\delta^2 \ . \tag{5.14}$$

Damit folgt aus den letzten drei Beziehungen

$$\lambda_L \frac{T_S - T_W}{\delta} b \, dx = \Delta h_v \frac{\rho_L(\rho_L - \rho_G)}{\eta_L} gb\delta^2 \, d\delta \tag{5.15}$$

und daraus durch Umstellung die Differentialgleichung

$$\delta^3 \frac{d\delta}{dx} = \frac{\lambda_L \eta_L}{\rho_L(\rho_L - \rho_G)g\Delta h_v}(T_S - T_W) \ . \tag{5.16}$$

Die Integration führt unter Beachtung der Randbedingung $\delta(x = 0) = 0$ auf die Beziehung

$$\boxed{\delta = \left[\frac{4\lambda_L \eta_L(T_S - T_W)}{\rho_L(\rho_L - \rho_G)g\Delta h_v} x\right]^{1/4}} \tag{5.17}$$

für die Dicke des Kondensatfilms.

Wegen des als linear vorausgesetzten Temperaturprofils folgt daraus für den örtlichen Wärmeübergangskoeffizienten

$$\alpha_x = \frac{\lambda_L}{\delta} \tag{5.18}$$

und durch Integration über die Länge der Wand für den mittleren Wärmeübergangskoeffizienten

$$\boxed{\alpha_m = \frac{1}{L}\int_0^L \alpha_x \, dx = 0{,}943\lambda_L\left[\frac{\rho_L(\rho_L - \rho_G)g\Delta h_v}{4\lambda_L \eta_L(T_S - T_W)} \frac{1}{L}\right]^{\frac{1}{4}}} \ . \tag{5.19}$$

Mit Hilfe der Energiebilanz für den längs der Länge L gebildeten Kondensatfilm

$$\dot{M}\Delta h_v = \alpha_m (T_S - T_W)bL \tag{5.20}$$

kann noch die Temperaturdifferenz $(T_S - T_W)$ eliminiert werden. Nimmt man zudem an, daß die Dichte des Gases ρ_G gegenüber der Dichte des Kondensatfilmes ρ_L vernachlässigt werden kann, dann folgt die Beziehung

$$\boxed{\frac{\alpha_m}{\lambda_L}\left(\frac{v_L^2}{g}\right)^{1/3} = 0,925 \left(\frac{\dot{M}/b}{\eta_L}\right)^{-1/3}} \tag{5.21}$$

mit

$$v_L = \frac{\eta_L}{\rho_L}\ .$$

Führt man als charakteristische Länge l die Größe

$$l = \left(\frac{v_L^2}{g}\right)^{1/3} \tag{5.22}$$

ein und definiert man damit die mittlere Nußeltzahl

$$Nu_m = \frac{\alpha_m l}{\lambda_L}\ ,$$

so ergibt sich die Beziehung

$$\boxed{Nu_m = 0,925 Re^{-1/3}}\ , \tag{5.23}$$

wenn die Reynoldszahl zu

$$Re = \frac{\rho\, v\,\delta_L}{\eta_L} = \frac{\dot{M}}{b\,\delta_L}\frac{\delta_L}{\eta_L} \tag{5.24}$$

mit der Kondensatfilmdicke

$$\delta_L = \delta(x = L)$$

definiert wird.

Diese Beziehung gilt auch für senkrechte Rohre, wenn $b = d\pi$ gesetzt wird. Für horizontale Rohre mit der Länge L erhält man eine dazu analoge Beziehung

$$Nu_{m=} \frac{\alpha_{m,Rohr}}{\lambda_L} \left(\frac{v_L^2}{g} \right)^{1/3} = 0{,}959 \left(\frac{\dot{M}/L}{\eta_L} \right)^{-1/3} = 0{,}959 Re^{-1/3} \,, \qquad (5.25)$$

die sich von der für die senkrechte Wand gültigen Beziehung nur durch den Zahlenwert 0,959 statt 0,925 unterscheidet.

Abb. 5.4 zeigt den Verlauf der mittleren Nußeltzahl in Abhängigkeit der Reynoldszahl bei der Filmkondensation an senkrechten Wänden für verschiedene Prandtlzahlen.

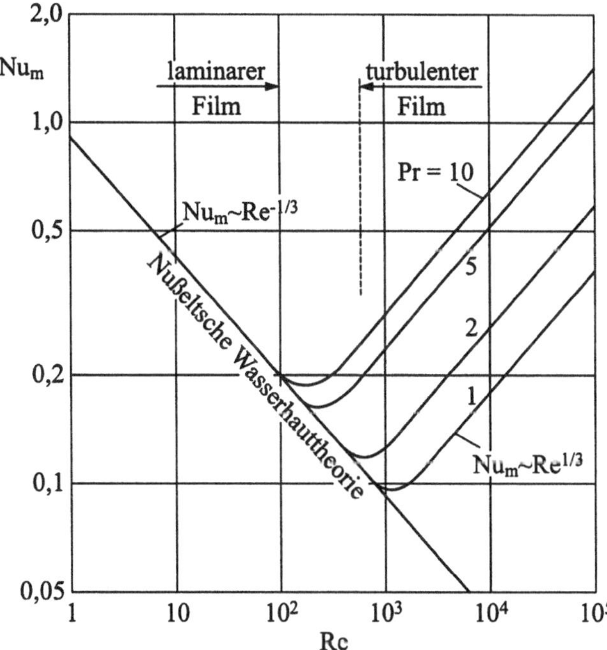

Abb. 5.4: Wärmeübergang bei der Filmkondensation an senkrechten Wänden

Die Abweichungen von der Nußeltzahl der Wasserhauttheorie bzw. der Anstieg der Nußeltzahlen bei höheren Reynoldszahlen ist auf den Einfluß der Turbulenz zurückzuführen. Für den turbulenten Bereich gilt allgemein $Nu_m = f(Re, Pr)$ und speziell für Wasser die auf Grigull zurückgehende Beziehung

$$Nu_m = 0{,}02\,Re^{1/3} \quad , \tag{5.26}$$

wobei der Umschlag von laminar in turbulent bei etwa

$$\frac{Re}{Nu_m} = 2680$$

erfolgt.

Für weitere Details sei auf Gröber/ Erk/ Grigull (1963), Stephan (1988), Baehr und Stephan (1994) und den VDI-Wärmeatlas (1994) verwiesen.

5.2 Wärmeübergang beim Sieden

Ist eine Flüssigkeit mit einer beheizten Wand in Kontakt, beginnt je nach Temperaturerhöhung das Fluid im Wandbereich zu sieden. Zusätzlich zu den bereits für die konvektive Wärmeübertragung relevanten physikalischen Größen wie $v, \rho, \lambda, c_p, \beta$ und die Geometrie müssen zur Beschreibung von Siedevorgängen neben den für die Phasenumwandlung wichtigen Größen wie $\Delta h_v, T_S, \rho_G$ und σ auch die Mikrostruktur und der Werkstoff der Heizfläche mit berücksichtigt werden.

Wegen der Vielzahl der Einflußgrößen ist man von einer geschlossenen Theorie für das Sieden noch weit entfernt, wenn auch in den letzten 30 Jahren erhebliche Fortschritte erzielt wurden und dadurch für technisch relevante Fälle meist genügend genaue halbempirische Korrelationen zur Verfügung stehen.

5.2.1 Phänomenologie

Im einzelnen unterscheidet man zunächst zwischen *Behältersieden* und *Strömungssieden* und versteht unter letzterem Verdampfungsvorgänge bei der beheizten Rohrströmung. Wir wollen uns im Rahmen dieser Einführung nur mit den Grundlagen des

Behältersiedens beschäftigen, für eine umfassende Darstellung verweisen wir auf Stephan (1988).

Abb. 5.5 zeigt qualitativ den Verlauf des Wärmeübergangskoeffizienten und der Wärmestromdichte beim Behältersieden. Man unterscheidet dabei zwischen *stillem Sieden* bzw. freier Konvektion, *Blasensieden*, partiellem und stabilem *Filmsieden*.

Beim *stillen Sieden* gelten die Aussagen der freien Konvektion, d. h.

$$\alpha = c_1 \Delta T^{1/4} \qquad \text{oder} \qquad \dot{q} = c_1 \Delta T^{5/4}$$

für die laminare Strömung und

$$\alpha = c_2 \Delta T^{1/3} \qquad \text{oder} \qquad \dot{q} = c_2 \Delta T^{4/3}$$

für die turbulente Strömung.

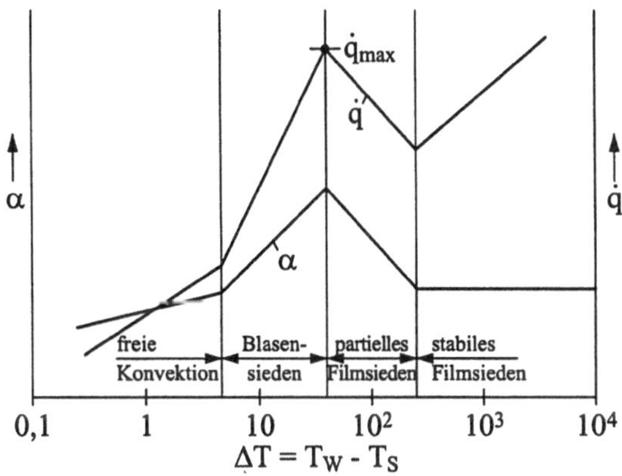

Abb. 5.5: Qualitativer Verlauf des Wärmeübergangskoeffizienten und der Wärmestromdichte beim Behältersieden

Bei höherer Heizflächenbelastung bilden sich Dampfblasen auf der Heizfläche aus, die abreißen und von der entstehenden Konvektion mitgenommen werden. Für diesen Bereich des *Blasensiedens* gilt

$$\alpha = c_3 \Delta T^3 \qquad \text{oder} \qquad \dot{q} = c_3 \Delta T^4 \ .$$

Durch Elimination der Temperaturdifferenz $\Delta T = T_W - T_S$ lassen sich auch Abhängigkeiten zwischen α und $\dot{q}$ angeben. Weil aber $\dot{q}$ und ΔT direkt und unmittelbar gemessen werden, ist die Angabe einer Beziehung $\dot{q}(\Delta T)$ naheliegend.

Bei noch höherer Heizflächenbelastung schließen sich die Dampfblasen auf der Oberfläche zusammen und es entsteht ein partiell zusammenhängender Dampffilm, der mit zunehmender Heizflächenbelastung schließlich zu einem geschlossenen Dampffilm zusammenwächst. Wegen der isolierenden Wirkung dieses Dampffilms sind extrem hohe Temperaturdifferenzen notwendig, um Wärmeströme bei *Filmverdampfung* abführen zu können. Bei gleicher Heizflächenbelastung sind die erforderlichen Temperaturdifferenzen um etwa zwei Zehnerpotenzen höher als beim Blasensieden.

Das Maximum der Siedekennlinie wird vielfach auch als kritische oder maximale Wärmestromdichte bezeichnet, in der älteren Literatur weniger glücklich auch als „burn out point" oder „departure from nucleate boiling".

5.2.2 Entstehung von Dampfblasen

Für das Verständnis des Blasensiedens ist die Kenntnis der Entstehung von Dampfblasen hilfreich. Schneidet man eine kugelförmig gedachte Dampfblase in der Mitte durch, dann gilt das Kräftegleichgewicht

$$r^2 \pi \, (p_G - p_L) = 2 r \pi \sigma \qquad (5.27)$$

und damit

$$p_G = p_L + \frac{2\sigma}{r} \, . \qquad (5.28)$$

Mit Hilfe des chemischen Gleichgewichts kann für kleinere Druckunterschiede $p_G - p_L$ die sog. *Thomsonsche Gleichung*

$$\boxed{p_L - p_0 = \frac{\rho'}{\rho'' - \rho'} \frac{2\sigma}{r}} \qquad (5.29)$$

abgeleitet werden, worauf wir aber hier nicht näher eingehen wollen.

Zur näherungsweisen Berechnung der erforderlichen Überhitzung nehmen wir nun an, daß die Steigung der Kurven $p_0\,(T)$ und $p_L\,(T,r)$ gleich ist, also

$$\frac{dp_L}{dT} = \frac{dp_0}{dT} \, . \qquad (5.30)$$

Mit der Gleichung von *Clausius-Clapeyron* für die Steigung der Dampfdruckkurve

$$\frac{dp_0}{dT} = \frac{\Delta h_v \, \rho'' \, \rho'}{T_s \, (\rho' - \rho'')}$$ (5.31)

folgt daraus zunächst

$$\frac{dp_L}{dT} \approx \frac{p_0 - p_L}{\Delta T} \approx \frac{1}{\Delta T} \frac{\rho'}{\rho' - \rho''} \frac{2\sigma}{r}$$ (5.32)

und damit schließlich für den Blasenradius r als Funktion der Überhitzung ΔT

$$\boxed{\; r = \frac{2\sigma \, T_s}{\rho'' \, \Delta h_v \, \Delta T} \;}\;.$$ (5.33)

Die oben abgeleiteten Beziehungen sind qualitativ in Abb. 5.6 dargestellt. Für Drücke nahe dem Atmosphärendruck gilt für das Blasensieden

$$Nu = \frac{\alpha \, d_A}{\lambda}$$

$$= 0{,}0871 \left(\frac{\dot{q} \, d_A}{\lambda' \, T_s} \right)^{0,674} \left(\frac{\rho''}{\rho'} \right)^{0,156} \left(\frac{\Delta h_v \, d_A^2}{a'^2} \right)^{0,371} \left(\frac{a'^2 \, \rho'}{\sigma \, d_A} \right)^{0,35} (Pr')^{-0,162}$$

mit dem Abreißdurchmesser

$$d_A = 0{,}851 \, \beta_0 \sqrt{\frac{2\sigma}{g \, (\rho_L - \rho_G)}} \;,$$

und dem Randwinkel entsprechend Abb. 5.1

$$\beta_0 \approx 40 - 45° \quad \text{(für Wasser)}\,.$$

Die an der Wand gebildete Blase wächst zunächst durch Verdampfung, bis sie sich bei Erreichen des Abreißdurchmessers von der Wand löst und aufsteigt. In obiger Beziehung sind die Größen der Flüssigkeit mit ' bezeichnet, die des gesättigten Dampfes mit ". Für weitere Details und empirische Gleichungen beim Blasensieden sei auf Stephan (1988) verwiesen.

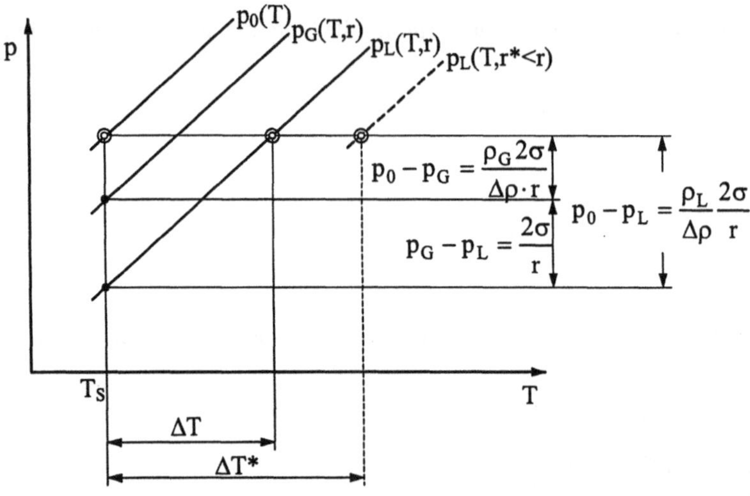

Abb. 5.6: Verlauf von Dampfdruckkurven zur Erläuterung des Blasenradius als Funktion der Überhitzung

5.3 Übungsaufgaben

Aufgabe 5.1:

Gesättigter Wasserdampf mit der Temperatur $T_S = 180\,°\mathrm{C}$ wird an senkrechten Rohren (Temperatur $T_W = 120\,°\mathrm{C}$ und der Länge $L = 0{,}3$ m) mit dem Durchmesser $d = 25$ mm kondensiert. Wie hoch ist der mittlere Wärmeübergangskoeffizient und der Kondensatmassenstrom, wenn man annimmt, daß der Kondensatfilm am Ende des Rohres laminar ist?

Stoffwerte $T_S = 180\,°\mathrm{C}$: $\rho_L = 917{,}06$ kg/m³, $\rho_G = 5{,}1539$ kg/m³,

$\eta_L = 182\cdot10^{-6}$ kg/(m s), $\lambda_L = 682{,}08\cdot10^{-3}$ W/(m K),

$\Delta h_V = 2014{,}52$ kJ/kg

6 Wärmestrahlung

Die Wärmestrahlung wird durch vollständig andere Grundgesetze als die Wärmeleitung und die konvektive Wärmeübertragung beschrieben. Der übertragene Wärmestrom ist nicht proportional zum Temperaturgradienten oder zur Temperaturdifferenz, sondern proportional zur vierten Potenz der absoluten Temperatur einer Oberfläche. Die von einem Körper ausgestrahlte Energie ist zudem abhängig von der Wellenlänge der Temperaturstrahlung.

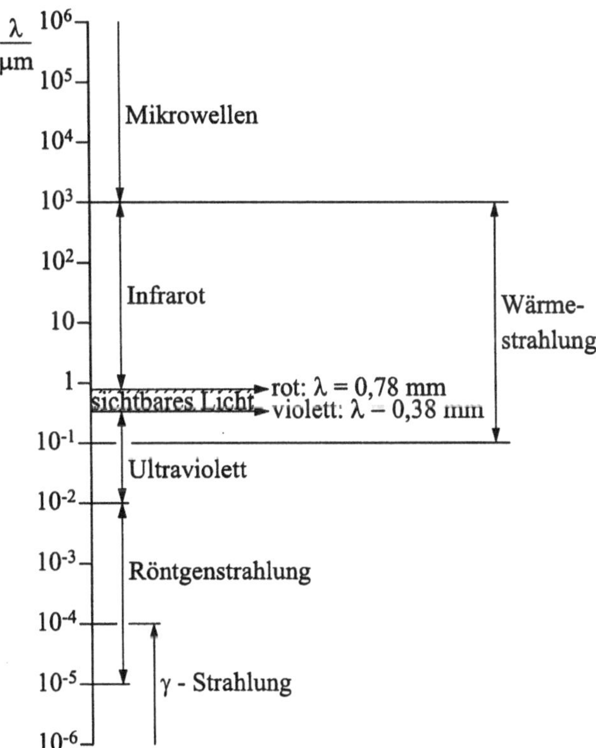

Abb. 6.1: Spektrum der elektromagnetischen Wellen

Abb. 6.1 zeigt das Spektrum der elektromagnetischen Wellen. Der Bereich zwischen $0{,}38 < \lambda/\mu\mathrm{m} < 0{,}78$ wird als sichtbares Licht bezeichnet, weil unser Auge diesen Wellenlängenbereich sehen kann. Die Festlegung des Bereichs "Wärmestrahlung" ist etwas willkürlich, im Infrarotbereich strahlen die meisten irdischen Körper.

6.1 Emission, Absorption und Reflexion

In einer sehr dünnen Oberflächenschicht (0,1-100 μm) wird innere Energie in elektromagnetische Wellen umgewandelt und als thermische Strahlung emittiert. Umgekehrt wird die auf einen Körper auftreffende thermische Strahlung in einer dünnen Schicht absorbiert und in innere Energie umgewandelt.

Der von einem Oberflächenelement dA mit der Temperatur T im Wellenlängenintervall dλ durch Temperaturstrahlung abgegebene Wärmestrom beträgt

$$\mathrm{d}\dot{Q}_\lambda = I(\lambda, T)\,\mathrm{d}\lambda\,\mathrm{d}A \ , \tag{6.1}$$

wenn mit $I(\lambda, T)$ die monochromatische Strahlungsintensität mit der Dimension $\mathrm{J}/(\mathrm{m}^3\,\mathrm{s})$ bezeichnet wird.

Durch Integration über alle Wellenlängen folgt daraus

$$\mathrm{d}\dot{Q} = \mathrm{d}A \int\limits_{\lambda=0}^{\infty} I(\lambda, T)\,\mathrm{d}\lambda = E(T)\,\mathrm{d}A \ , \tag{6.2}$$

wobei mit $E(T)$ das Emissionsvermögen (Dimension W/m^2) des Oberflächenelements bezeichnet wird. Bezüglich der Dimension entspricht das Emissionsvermögen einer Wärmestromdichte. Man beachte aber, daß $E(T)$ im Gegensatz zu q von der Temperatur der Oberfläche abhängt.

Die von einem Oberflächenelement dA mit der Temperatur T im Wellenlängenintervall dλ absorbierte thermische Strahlung der Temperatur T_0 beträgt

$$\mathrm{d}\dot{Q}_\lambda = a_\lambda(\lambda, T)\,I(\lambda, T_0)\,\mathrm{d}\lambda\,\mathrm{d}A \ , \tag{6.3}$$

wobei mit $a_\lambda(\lambda,T)$ der monochromatische Absorptionskoeffizient des Oberflächenelements bezeichnet wird.

Durch Integration über alle Wellenlängen erhält man daraus die gesamte absorbierte Energie

$$d\dot Q = dA \int_0^\infty a_\lambda(\lambda,T)\, I(\lambda,T_0)\, d\lambda \; , \qquad (6.4)$$

$$d\dot Q = dA\, f(T,T_0) = dA\, a(T)\, E(T_0) \; , \qquad (6.5)$$

wobei mit

$$a(T,T_0) = \frac{\displaystyle\int_0^\infty a_\lambda(\lambda,T)\, I(\lambda,T_0)\, d\lambda}{\displaystyle\int_0^\infty I(\lambda,T_0)\, d\lambda} \qquad (6.6)$$

der Absorptionskoeffizient bezeichnet wird.

Für den allgemeinen stationären Fall gilt, daß die einfallende Strahlung $\dot Q$ reflektiert, absorbiert und durchgelassen werden kann

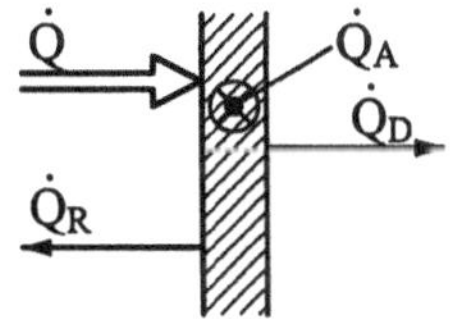

$$\dot Q = \dot Q_A + \dot Q_R + \dot Q_D \; . \qquad (6.7)$$

Mit dem Absorptionskoeffizienten $a = \dot Q_A/\dot Q$, der Reflexionszahl $r = \dot Q_R/\dot Q$ und der Durchlaßzahl $d = \dot Q_D/\dot Q$ folgt daraus

$$a + r + d = 1 \; . \qquad (6.8)$$

Man unterscheidet die folgenden Sonderfälle:

Festkörper: $a + r = 1, d = 0$

Gase: $a + d = 1, r = 0$

diatherme Gase: $a = 0, r = 0, d = 1$

Spiegel: $a = 0, r = 1, d = 0$

schwarzer Körper: $a = 1, r = 0, d = 0$.

Der sog. *schwarze Körper* absorbiert die auf ihn treffende Strahlungsenergie vollständig.

6.2 Gesetz von Kirchhoff

Das Kirchhoffsche Gesetz beschreibt das thermische Gleichgewicht zwischen Absorption und Emission eines als adiabat betrachteten Systems.

Wir betrachten zwei unendlich große und parallel angeordnete Oberflächen und setzen
voraus, daß beide die gleiche Temperatur T haben. Die linke Oberfläche sei ein
schwarzer Strahler mit $a = 1$, die rechte Oberfläche ein beliebiger Strahler mit
$a < 1$. Die Gleichgewichtsbedingungen für die rechte Oberfläche liefert

$$E_s(T) = E(T) + E_s(T)\left[1 - a(T)\right] \tag{6.9}$$

und daraus

$$\boxed{E(T) = a(T)\,E_s(T)} \tag{6.10}$$

Ein beliebiger Körper emittiert im thermischen Gleichgewicht soviel Strahlung, wie er
von der Strahlung eines schwarzen Körpers absorbiert, d. h. die emittierte Strahlungsenergie ist gleich der absorbierten.

Wegen

$$E(T) \leq E_s(T) \qquad \text{und} \qquad I(\lambda,T) \leq I_s(\lambda,T)$$

emittiert der schwarze Strahler die maximal mögliche Strahlungsenergie und absorbiert die auf ihn auftreffende Strahlungsenergie vollständig.

Das Verhältnis der von einem beliebigen Körper emittierten Strahlungsenergie zu der des schwarzen Körpers wird als Emmisionskoeffizient

$$\varepsilon(T) = \frac{E(T)}{E_s(T)} \tag{6.11}$$

bezeichnet. Analog dazu bezeichnet

$$\varepsilon_\lambda(\lambda,T) = \frac{I(\lambda,T)}{I_s(\lambda,T)} \tag{6.12}$$

den Intensitätskoeffizienten.

Aus dem Kirchhoffschen Gesetz folgt damit

$$\boxed{\begin{aligned} \varepsilon_\lambda(\lambda,T) &= a_\lambda(\lambda,T) \\ \varepsilon(T) &= a(T) \end{aligned}}, \tag{6.13}$$

d. h. der Emissionskoeffizient eines beliebigen Strahlers ist gleich seinem Absorptionskoeffizienten.

6.3 Der schwarze Körper

Ein schwarzer Körper ist dadurch definiert, daß er alle auftreffende Strahlung vollständig absorbiert. Damit emittiert ein schwarzer Körper mit der Temperatur T die maximal mögliche Strahlungsenergie. Ein schwarzer Körper ist zudem ein diffuser

Strahler, seine spektrale Strahlungsintensität hängt nicht von der Richtung ab, sondern ist eine universelle Funktion der Wellenlänge und der absoluten Temperatur.

Das von Planck gefundene und nach ihm benannte Plancksche Strahlungsgesetz lautet

$$I_s(\lambda, T) = \frac{c_1}{\lambda^5 \left[\exp\left(\dfrac{c_2}{\lambda T} \right) - 1 \right]} \qquad (6.14)$$

mit

$$c_1 = 2\pi \, h c_0^2 = 3{,}742 \cdot 10^{-16} \ \mathrm{W/m^2} \ ,$$
$$c_2 = h \, c_0/k = 0{,}01439 \ \mathrm{m \ K}.$$

Die beiden Strahlungskonstanten c_1 und c_2 setzen sich aus den fundamentalen Naturkonstanten, nämlich der Lichtgeschwindigkeit c_0 im Vakuum, der Planckschen Konstante h und der Boltzmann-Konstante k zusammen.

Der Verlauf der Strahlungsintensität $I_s(\lambda, T)$ in Abhängigkeit der Wellenlänge ist in Abb. 6.2 in einfacher und in Abb. 6.3 in doppelt logarithmischer Auftragung dargestellt.

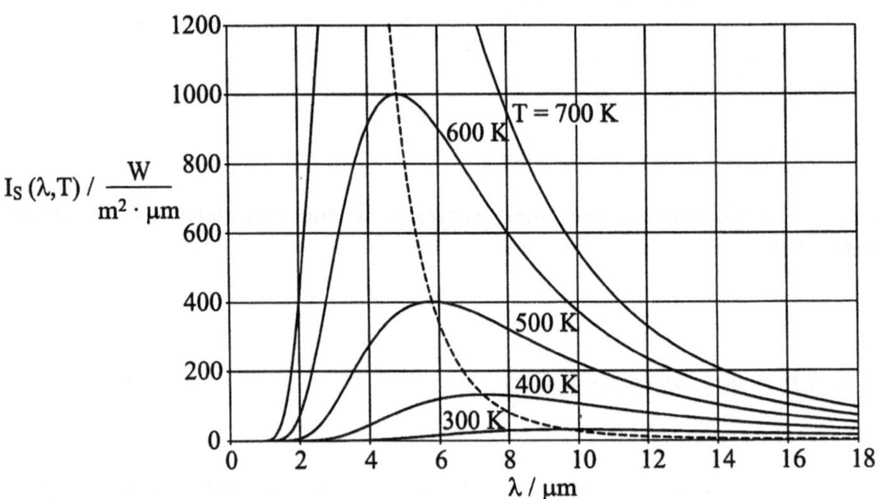

Abb. 6.2: Plancksches Strahlungsgesetz

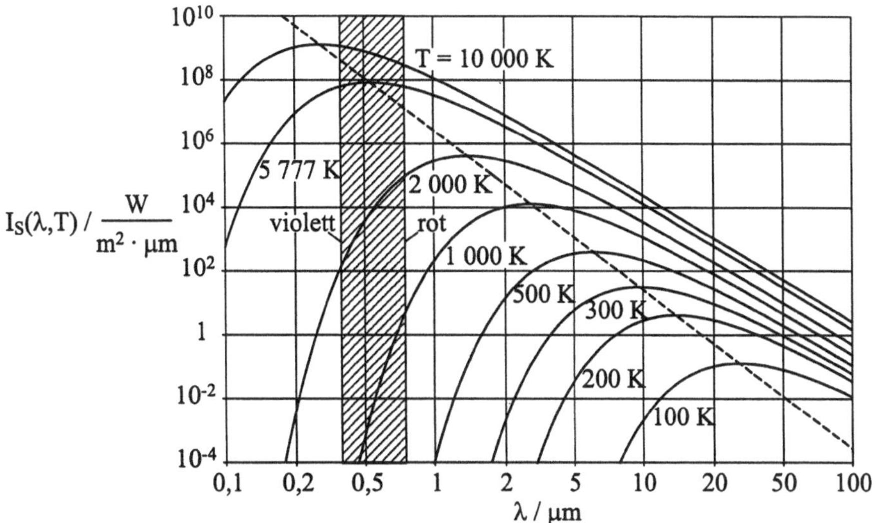

Abb. 6.3: Plancksches Strahlungsgesetz in logarithmischer Darstellung

Mit steigender Temperatur wird das Maximum zu kleineren Wellenlängen hin verschoben. Aus Abb. 6.3 erkennt man, daß ein warmer Körper in einer dunklen Umgebung dem menschlichen Auge als dunkelrotes Objekt erst dann sichtbar wird, wenn die Temperatur dieses Körpers höher als 798 K (sog. Draper-Punkt) ist. Die von der Sonne emittierte Strahlung entspricht der eines schwarzen Körpers der Temperatur 5777 K. Das Maximum dieser Strahlung liegt im sichtbaren Spektralbereich, das menschliche Auge hat sich dem angepaßt und besitzt in diesem Wellenlängenbereich seine größte Empfindlichkeit.

Für das Maximum der Strahlungsintensität

$$\left(\frac{\partial I_s(\lambda,T)}{\partial \lambda} \right)_{T\,=\,konst} = 0$$

erhält man aus dem Planckschen Strahlungsgesetz die transzendente Gleichung

$$\left(1 - \frac{c_2}{5\lambda T} \right) \exp\left(\frac{c_2}{\lambda T} \right) = 1 \qquad (6.15)$$

mit der Lösung

$$\frac{c_2}{\lambda_{max}\, T} = 4{,}965 \tag{6.16}$$

oder

$$\lambda_{max}\, T = 2898 \;\mu\mathrm{m}\;\mathrm{K}\;. \tag{6.17}$$

Dies ist das sog. Wiensche Verschiebungsgesetz, das man häufig benutzt, um aus der gemessenen Wellenlänge λ_{max} auf die Temperatur eines Strahlers zu schließen unter der Annahme, der Strahler sei ein schwarzer Körper.

Das Emissionsvermögen eines schwarzen Strahlers erhält man durch Integration der Strahlungsintensität $I_s\,(\lambda, T)$ über alle Wellenlängen

$$E_s\,(T) = \int\limits_0^\infty I_s\,(\lambda, T)\;\mathrm{d}\lambda = \int\limits_0^\infty \frac{c_1\,\mathrm{d}\lambda}{\lambda^5\left[\exp\!\left(\dfrac{c_2}{\lambda\,T}\right) - 1\right]}\;. \tag{6.18}$$

Dieses recht komplizierte Integral hat die erstaunlich einfache Lösung

$$\boxed{\; E_s\,(T) = \frac{c_1}{c_2^4}\,\frac{\pi^4}{15}\,T^4 = \sigma\,T^4 \;} \tag{6.19}$$

mit

$$\sigma = \frac{c_1}{c_2^4}\,\frac{\pi^4}{15} = \frac{2\,\pi^5\,k^4}{15\,c_0^2\,h^3} = 5{,}67 \cdot 10^{-8}\;\frac{\mathrm{W}}{\mathrm{m}^2\,\mathrm{K}^4}\;. \tag{6.20}$$

Die letzte Beziehung ist das bekannte *Gesetz von Stefan Boltzmann* und σ ist die Stefan-Boltzmann-Konstante, deren Zusammenhang mit den fundamentalen Naturkonstanten nur mit Hilfe der Quantentheorie abgeleitet werden kann.

6.4 Wärmetransport durch Strahlung

Die Intensitätsverteilung $I(\lambda, T)$ verschiedener Strahler ist in Abb. 6.4 skizziert. Danach unterscheidet man zwischen *schwarzen*, *grauen*, *selektiven* und *Banden*-Strahlern.

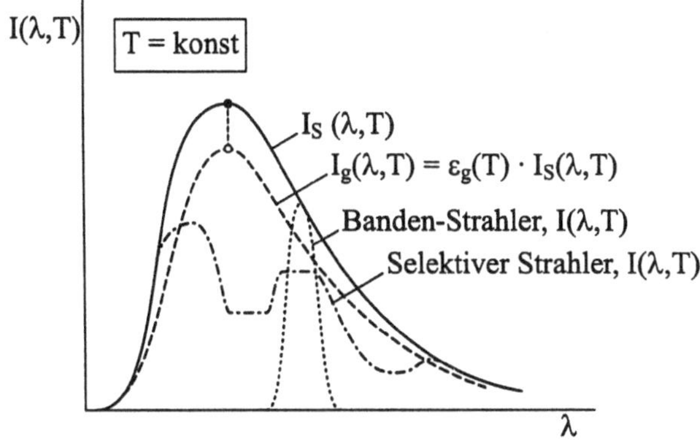

Abb. 6.4: Intensitätsverteilung der Strahlung technischer Oberflächen

Ohne auf Details einzugehen, sei dazu folgendes festgehalten:

- *schwarzer Strahler*

$$a_{\lambda,s}(\lambda, T) = \varepsilon_{\lambda,s}(\lambda, T) = 1 \tag{6.21}$$

- *grauer Strahler*

$$a_{\lambda,g}(\lambda, T) = a_g(T) = \varepsilon_g(T) \ . \tag{6.22}$$

Wir betrachten den Strahlungsaustausch zwischen diffus strahlenden grauen Körpern mit den Temperaturen T_1 und T_2 und setzen voraus, daß keine Rückstrahlung auftritt. Dann empfängt der Körper ② vom Körper ① den Strahlungsstrom

$$\dot{Q}_1^* = e_{12} \, A_1 \, \sigma \, T_1^4 \tag{6.23}$$

und der Körper ① vom Körper ② den Strahlungsstrom

$$\dot{Q}_2^* = e_{21}\, A_2\, \sigma\, T_2^4 \; .$$
(6.24)

Für den Netto-Strahlungsstrom $\dot{Q}_{12}$ folgt damit

$$\dot{Q}_{12} = \dot{Q}_1^* - \dot{Q}_2^* = \sigma \left[e_{12}\, A_1\, T_1^4 - e_{21}\, A_2\, T_2^4 \right] \; .$$
(6.25)

Im thermischen Gleichgewicht mit $T_1 = T_2$ und $\dot{Q}_{12} = 0$ gilt somit

$$\boxed{\, e_{12}\, A_1 = e_{21}\, A_2 \,} \; .$$
(6.26)

Die Einstrahlzahlen e_{12} und e_{21} sind damit nur von der Geometrie abhängig und gelten allgemein.

Wegen der durch T^4 entstehenden großen Zahlen führt man zweckmäßigerweise die Strahlungskonstante C_s des schwarzen Körpers, entsprechend

$$\boxed{\begin{aligned} E_s\,(T) &= C_s \left(\frac{T}{100} \right)^4 \\[2mm] C_s &= 10^8\, \sigma = 5{,}67\, \frac{\text{W}}{\text{m}^2\,\text{K}^4} \end{aligned}}$$
(6.27)

ein. Für den Netto-Strahlungsstrom zwischen zwei diffus strahlenden Oberflächen gilt allgemein

$$\boxed{\begin{aligned} \dot{Q}_{12} &= c_{12}\, A_1 \left[\left(\frac{T_1}{100} \right)^4 - \left(\frac{T_2}{100} \right)^4 \right] \\[3mm] c_{12} &= \frac{C_s}{\dfrac{1}{\varepsilon_1} + \left(\dfrac{1}{\varepsilon_2} - 1 \right) \dfrac{A_1}{A_2}} \end{aligned}} \; ,$$
(6.28)

wobei sich die Fläche A_1 nicht "selbst sehen" darf.

Mit $A_1 = A_2$ folgt daraus für den Strahlungsaustausch zwischen *zwei parallelen Wänden*

$$c_{12} = \frac{C_s}{\dfrac{1}{\varepsilon_1} + \dfrac{1}{\varepsilon_2} - 1}$$

(6.29)

und falls zudem $\varepsilon_1 = \varepsilon_2 = \varepsilon$ gilt

$$c_{12} = \frac{\varepsilon}{2 - \varepsilon}\, C_s \; .$$

(6.30)

Mit $A_2 \gg A_1$ folgt für den Fall der Strahlung eines Körpers mit der ·Oberfläche A_1 in die Umgebung oder in einen Raum mit $A_2 \rightarrow \infty$ die Beziehung

$$c_{12} = \varepsilon_1\, C_s \; .$$

(6.31)

Der Emissionskoeffizient ε_2 taucht hierbei nicht mehr auf, weil die Umgebung "schwarz" wirkt, da die von A_1 emittierten Photonen nicht mehr zurückkommen.

Für technische Aufgabenstellungen ist es oft zweckmäßig, den Ausdruck mit den Temperaturen entsprechend

$$\left(\frac{T_1}{100}\right)^4 - \left(\frac{T_2}{100}\right)^4 = \left[\left(\frac{T_1}{100}\right)^2 + \left(\frac{T_2}{100}\right)^2\right]\left(\frac{T_1 + T_2}{100}\right)\left(\frac{T_1 - T_2}{100}\right)$$
$$\approx \frac{4}{100}\left(\frac{T_1 + T_2}{200}\right)^2 (T_1 - T_2)$$

(6.32)

zu linearisieren. Im Bereich $0{,}8 < T_1/T_2 < 1{,}25$ beträgt der maximale Fehler dabei 1,5%.

Mit der Definition eines "Wärmeübergangskoeffizienten infolge Strahlung"

$$\alpha_{Str} \equiv \frac{4}{100} \left(\frac{T_1 + T_2}{200} \right)^3 c_{12} \tag{6.33}$$

erhält man damit die Näherungsbeziehung

$$\dot{Q}_{12} = \alpha_{Str}\, A_1\, (T_1 - T_2)\ . \tag{6.34}$$

Mit Hilfe dieser Beziehung kann der Einfluß der Strahlung auf den Wärmestrom zusätzlich zur Konvektion näherungsweise berücksichtigt werden, falls ihr Anteil am übertragenen Wärmestrom nicht zu groß ist.

Für weitere Details sei auf Siegel et al. (1988) und auf Kabelac (1994) verwiesen. Die energietechnisch relevanten Fälle der Gas- und Rußstrahlung werden ausführlich in Hottel und Sarofim (1967) behandelt.

6.5 Übungsaufgaben

Aufgabe 6.1:

In einem großen Lüftungskanal, dessen Wände eine Oberflächentemperatur $T_O = 20°C$ haben und in dem Luft mit der Geschwindigkeit $w = 5\ m/s$ strömt, hängt senkrecht zur Strömungsrichtung ein Thermometer mit der Gestalt eines Glaszylinders mit dem Durchmesser $d = 8\ mm$. Die im Vergleich zu den Kanalwänden sehr kleinen Thermometeroberfläche hat das Emissionsverhältnis $\varepsilon = 0,93$. Es zeigt eine Temperatur $T_T = -4°C$ an. Wie groß ist die Temperatur der Luft, wenn der Wärmeübergang durch Strahlung und Konvektion berücksichtigt wird?

Stoffwerte Luft: $\nu = 13,3 \cdot 10^{-6}\ m^2/s$, $Pr = 0,711$, $\lambda = 0,0243\ W/(m\,K)$

Anhang A: Lösungen der Übungsaufgaben

Aufgabe 2.1:

$$\dot{Q} = \frac{A_S\,(T_{RG} - T_{SW})}{\dfrac{1}{\alpha_{RG}} + \dfrac{s}{\lambda_S} + \dfrac{1}{\alpha_{SW}}} = 132 \text{ kW}$$

$$T_{WRG} = T_{RG} - \frac{\dot{Q}}{\alpha_{RG}\,A_S} = 214\,°\text{C}$$

$$T_{WSW} = 183\,°\text{C}$$

Aufgabe 2.2:

a) Mit $A_{ges} = 32\,\text{m}^2$ und $V_{ges} = 16\,\text{m}^3$ ergibt sich nach dem 1. Hauptsatz:

$$V\,\rho\,c_p\,\mathrm{d}T = (\dot{Q}_H - \dot{Q}_V)\,\mathrm{d}t$$

$$\Leftrightarrow \ln(\dot{Q}_H - k\,A_{ges}\,(T - T_a)) = -\frac{k\,A_{ges}}{V\,\rho\,c_p}\,t + A$$

Anfangsbed.: $t = 0$: $T = T_a \;\Rightarrow\; A = \ln \dot{Q}_H$

$$t_E = \frac{V\,\rho\,c_p}{k\,A_{ges}}\,\ln\frac{\dot{Q}_H}{\dot{Q}_H - k\,A_{ges}\,(T_i - T_a)} \approx 33 \text{ Min.}$$

b)

$$\ln\!\left(\frac{T_{ein} - T_a}{T_{aus} - T_a}\right) = -\frac{k\,A_{ges}}{V\,\rho\,c_p}\,t$$

$$\Leftrightarrow t = -\frac{V\,\rho\,c_p}{k\,A_{ges}}\,\ln\!\left(\frac{T_{ein} - T_a}{T_{aus} - T_a}\right) \approx 2 \text{ Min.}$$

Aufgabe 2.3:

a) Gehäuseoberflächentemperatur

$$T_{Ga} = \frac{\dot{Q}_V}{\alpha \, A} + T_U = 152{,}5°\text{C}$$

b) Rippendicke

$$\dot{Q} = 40 \, \dot{Q}_{O,R} + \alpha_m \, [A - 40 \, \delta \, L] \, (T_{Gb} - T_U)$$

Optimale Volumenausnutzung: $m \, L = 1{,}419$

$$\dot{Q}_{O,R} = \sqrt{2 \, \lambda \, \alpha_m \, \delta} \; L \, (T_{Gb} - T_U) \, \tanh \, (m \, L)$$

Näherungslösung für δ liefert:

$$\delta = 1{,}72 \; \text{mm} \, .$$

Aufgabe 2.4:

a) Halbunendlicher Körper

$$q_{WH} = (T_H - T_m) \, \frac{b_H}{\sqrt{\pi \, t}}$$

$$q_{WK} = - (T_K - T_m) \, \frac{b_K}{\sqrt{\pi \, t}}$$

Koppelbedingung $q_{WH} = q_{WK}$

$$\Rightarrow \frac{T_H - T_m}{T_m - T_K} = \frac{b_K}{b_H} \qquad \text{(zeitlich unabhängig)}$$

b)

$$T_m = \frac{b_K \, T_K + b_H \, T_H}{b_K + b_H} = 45°\text{C}$$

Aufgabe 3.1:

a)

$$Re = \frac{4\dot{m}}{\rho\,\pi\,d\,\nu} = 1625{,}15 < 2300 \quad \Rightarrow \quad \text{laminare Rohrströmung}$$

$$Nu_{T,\infty} = \frac{\alpha\,d}{\lambda} = 3{,}6568$$

$$\alpha = 46{,}03 \ \text{W}/(\text{m}^2\ \text{K})$$

b)

$$\alpha = 98{,}12 \ \text{W}/(\text{m}^2\ \text{K})$$

$$L_{th}^* = \frac{L_{th}}{Re\,Pr\,d} = 0{,}0335 \Rightarrow \qquad L_{th} = 11{,}76 \ \text{m}$$

c)

$$\alpha = 109{,}86 \ \text{W}/(\text{m}^2\ \text{K})$$

$$L_{th}^* \approx 0{,}036 \quad \Rightarrow \quad L_{th} = 12{,}64 \ \text{m}$$
$$L_{hyd}^* = 0{,}056 \quad \Rightarrow \quad L_{hyd} = 4{,}55 \ \text{m}$$

Aufgabe 3.2:

a)

$$\dot{Q} = 1313 \ \text{W}$$

b)

$$Re = 20404{,}5 > Re_K$$
$$Nu_m = 57{,}26$$
$$q = 303{,}1 \ \text{W}/\text{m}^2$$
$$T_{Ob} = 50{,}53°\text{C}$$

Aufgabe 3.3:

a)

$$\alpha_m = 6{,}9 \ \text{W}/(\text{m}^2\ \text{K})$$

b)

$$P_{Kühl} = 33{,}1 \ \text{W}$$

c)

$$\dot{m}_{min} = 2{,}63 \text{ g/s} = 0{,}23 \text{ m}^3/\text{d}$$

Aufgabe 3.4:

a)

$$\alpha_m = 102 \text{ W}/(\text{m}^2 \text{ K})$$

b)

$$\alpha_m = 114{,}9 \text{ W}/(\text{m}^2 \text{ K}) \text{ nach Gnielinski}$$

$$\alpha_m = 102{,}4 \text{ W}/(\text{m}^2 \text{ K}) \text{ nach Whitaker}$$

Aufgabe 4.1:

a) Vertikale Platte

$$\alpha_{m,s} = 4{,}4 \text{ W}/(\text{m}^2 \text{ K})$$

b) Waagerechter Zylinder

$$\alpha_{m,w} = 4{,}55 \text{ W}/(\text{m}^2 \text{ K}) > \alpha_{m,s}$$

schnellere Abkühlung

Aufgabe 4.2:

a)

$$\alpha_m = 3{,}01 \text{ W}/(\text{m}^2 \text{ K})$$

b)

$$P_{Kühl} = 14{,}4 \text{ W}$$

c)

$$\dot{m}_{min} = 1{,}14 \text{ g/s} \approx 0{,}1 \text{ m}^3/\text{d}$$

Aufgabe 5.1:

Annahme laminarer Film am Rohrende

$$\alpha_m = \frac{4}{3} \lambda_L \left[\frac{\rho_L (\rho_L - \rho_G) \, g \, \Delta h_V}{4 \, \eta_L \, \lambda_L \, (T_s - T_W) \, L} \right]^{1/4}$$

$$= 5963{,}6 \ W / (m^2 \ K)$$

Wärmestrom pro Rohr

$$\dot{Q} = \alpha_m \ A \ \Delta T = 8430{,}9 \ W$$

Kondensatmengenstrom

$$\dot{M}_K = \frac{\dot{Q}}{\Delta h_V} = 4{,}185 \cdot 10^{-3} \ kg / s$$

Reynoldszahl

$$Re = \frac{4 \, \dot{M}_K}{\pi \, d \, \eta_L} = 1171{,}1$$

Aufgabe 6.1:

Querangeströmter Zylinder

$$\alpha_m = 91{,}25 \ W / (m^2 \ K)$$

Strahlung

$$q_{Str} = 112{,}7 \ W / m^2$$

Lufttemperatur

$$T_L = -5{,}24°C$$

Anhang B:
Formelsammlung zur Wärmeübertragung

Inhalt

1 Wärmeübertrager

Wärmekapazitätsstrom

$$\dot{C}_1 = \dot{m}_1 \cdot \overline{c}_{p1} \qquad \dot{C}_2 = \dot{m}_2 \cdot \overline{c}_{p2}$$

Number of Transfer Units (NTU oder N):

$$N_1 = \frac{kA}{\dot{C}_1} \qquad N_2 = \frac{kA}{\dot{C}_2} \qquad N_0 = \frac{kA}{\dot{C}_{min}}$$

Dimensionslose Temperaturänderungen

$$\varepsilon_1 = \frac{T_{1,E} - T_{1,A}}{T_{1,E} - T_{2,E}} \qquad \varepsilon_2 = \frac{T_{2,A} - T_{2,E}}{T_{1,E} - T_{2,E}}$$

1. HS. Teilsysteme:

$$\frac{\varepsilon_1}{\varepsilon_2} = \frac{\dot{C}_2}{\dot{C}_1} = \frac{N_1}{N_2}$$

Effektivität ε des Wärmeübertragers:

Gegenstrom:

$$\varepsilon = \frac{1 - e^{-N_0\left(1-\frac{\dot{C}_{min}}{\dot{C}_{max}}\right)}}{1 - \frac{\dot{C}_{min}}{\dot{C}_{max}} e^{-N_0\left(1-\frac{\dot{C}_{min}}{\dot{C}_{max}}\right)}}$$

Gleichstrom:

$$\varepsilon = \frac{1 - e^{-N_0\left(1+\frac{\dot{C}_{min}}{\dot{C}_{max}}\right)}}{1 + \frac{\dot{C}_{min}}{\dot{C}_{max}}}$$

Dimensionslose Übertragerlänge

$$\xi = \frac{x}{L}$$

DGL für Temperaturdifferenz (+ Gleichstrom, - Gegenstrom)

$$-\frac{d\left(T_1 - T_2\right)}{T_1 - T_2} = \left(N_1 \pm N_2\right)d\xi$$

Logarithmisch gemittelte Temperaturdifferenz

$$\Delta\overline{T} = \frac{\left(T_{1,0} - T_{2,0}\right) - \left(T_{1,L} - T_{2,L}\right)}{\ln\dfrac{T_{1,0} - T_{2,0}}{T_{1,L} - T_{2,L}}}$$

Übertragener Wärmestrom:

$$\dot{Q} = kA\,\Delta\overline{T} = \dot{C}_1\left(T_{1,E} - T_{1,A}\right) = \dot{C}_2\left(T_{2,A} - T_{2,E}\right)$$

2 Wärmeleitung

2.1 Allgemeines

Fourierscher Wärmeleitungsansatz

$$\vec{q} = -\lambda\nabla T \qquad \text{oder} \quad q_i = -\lambda\frac{\partial T_i}{\partial x_i}$$

1- und 3-dimensionale Fourier-Gleichung mit inneren Wärmequellen (Leistungsdichte W)

$$\frac{\partial T}{\partial t} = a\nabla^2 T + \frac{W}{\rho c} \quad \text{mit } \Delta T = \nabla^2 T = \frac{\partial^2 T}{\partial x^2} + \frac{\partial^2 T}{\partial y^2} + \frac{\partial^2 T}{\partial z^2} = \frac{\partial^2 T}{\partial x_i^2}$$

$$\frac{\partial T}{\partial t} = a\frac{\partial^2 T}{\partial x^2} + \frac{W}{\rho c}$$

Temperaturleitfähigkeit a

$$a = \frac{\lambda}{\rho c}$$

Wärmedurchgang (Péclet-Gleichung) durch n Schichten

$$\dot{Q} = \frac{T_i - T_a}{\dfrac{1}{\alpha_i A} + \sum\limits_{j=1}^{n} \dfrac{s_j}{\lambda_j A} + \dfrac{1}{\alpha_a A}} \qquad \text{ebene Wand}$$

$$\dot{Q} = \frac{2\pi l\left(T_i - T_a\right)}{\dfrac{1}{\alpha_i r_i} + \sum\limits_{j=1}^{n}\left(\dfrac{1}{\lambda_j}\ln\dfrac{r_{2j}}{r_{1j}}\right) + \dfrac{1}{\alpha_a r_a}} \qquad \text{Zylinder}$$

$$\dot{Q} = \frac{4\pi\left(T_i - T_a\right)}{\dfrac{1}{\alpha_i r_i^2} + \sum\limits_{j=1}^{n}\left[\dfrac{1}{\lambda_j}\left(\dfrac{1}{r_{1j}} - \dfrac{1}{r_{2j}}\right)\right] + \dfrac{1}{\alpha_a r_a^2}} \qquad \text{Kugelschale}$$

Temperaturverlauf in Platte, Zylinder-, Kugelschale

$$\frac{T - T_2}{T_1 - T_2} = \frac{r_2 - r}{r_2 - r_1} \qquad \text{Platte}$$

$$\frac{T - T_2}{T_1 - T_2} = \frac{\ln\dfrac{r_2}{r}}{\ln\dfrac{r_2}{r_1}} \qquad \text{Zylinderschale}$$

$$\frac{T - T_2}{T_1 - T_2} = \frac{\dfrac{1}{r} - \dfrac{1}{r_2}}{\dfrac{1}{r_1} - \dfrac{1}{r_2}} \qquad \text{Kugelschale}$$

2.2 Quasistationäre Wärmeleitung

Temperaturabfall in Rohrleitungen

$$x = 0 : T = T_1 \qquad\qquad x = l : T = T_2 \qquad\qquad T_a = T_\infty$$

$$\ln\frac{T_2 - T_\infty}{T_1 - T_\infty} = -\frac{\left(\dot{Q}_l\right)_0 \cdot l}{\dot{m}\, c_p\left(T_1 - T_\infty\right)} \qquad \text{mit} \qquad \left(\dot{Q}_l\right)_0 = \frac{2\pi\lambda\left(T_1 - T_\infty\right)}{\ln\dfrac{r_a}{r_i} + \dfrac{\lambda}{r_a \alpha_a}}$$

linearisiert:

$$T_1 - T_2 = \frac{\left(\dot{Q}_l\right)_0 \cdot l}{\dot{m} \cdot c_p}$$

Abkühlung von Behältern

$$t = 0 : T = T_0 \qquad \text{Umgebung } T_\infty \qquad \text{Relaxationszeit } \tau = mc_p / (kA)$$

$$\ln\left(\frac{T - T_\infty}{T_0 - T_\infty}\right) = -\frac{k\,A\,t}{m\,c_p} = -\frac{t}{\tau}$$

linearisiert:

$$\frac{T_0 - T}{T_0 - T_\infty} = \frac{t}{\tau}$$

Vergrößerte Oberflächen (Rippen)

Differentialgleichung:

$$\frac{\partial^2 T}{\partial x^2} = \frac{\alpha U}{\lambda A}\left(T - T_\infty\right) = m^2\left(T - T_\infty\right)$$

$$m^2 = \frac{\alpha U}{\lambda A} \qquad \left(\text{Rippenparameter}\right)$$

$$U = \text{Rippenumfang}$$

$$A = \text{Rippenquerschnitt}$$

Temperaturverlauf in der Rippe:

$$\frac{T - T_\infty}{T_0 - T_\infty} = \frac{\cosh\left[ml\left(1 - \frac{x}{L}\right)\right]}{\cosh(ml)}$$

Gesamtwärmestrom bei $x = 0$:

$$\dot{Q}_0 = m\lambda\,A\left(T_0 - T_\infty\right)\tanh(ml)$$

Unendlich lange Rippe:

$$\frac{T - T_\infty}{T_0 - T_\infty} = \exp\left(-ml\left[\frac{x}{l}\right]\right)$$

$$\left(\dot{Q}_0\right)_\infty = m\lambda\, A\left(T_0 - T_\infty\right)$$

Wärmestrom ohne Rippe: $\dot{Q}' = \alpha\, A\left(T_0 - T_\infty\right)$

Wärmestrom bei gleicher Rippentemp.: $\dot{Q}_\lambda{}' = \alpha\, U\, l\left(T_0 - T_\infty\right)$

Wärmestrom unendlich lange Rippe: $\dot{Q}_\infty{}' = m\lambda\, A\left(T_0 - T_\infty\right)$

Gütegrade:

$$\varepsilon_w = \frac{\dot{Q}_0}{\dot{Q}'} \qquad \varepsilon_\lambda = \frac{\dot{Q}_0}{\dot{Q}_\lambda{}'} \qquad \varepsilon_\infty = \frac{\dot{Q}_0}{\dot{Q}_\infty{}'}$$

2.3 Instationäre Wärmeleitung

Halbunendlicher Körper (T_w = konst)

$$t < 0,\, x > 0\!: \qquad T = T_0$$
$$t \geq 0,\, x = 0\!: \qquad T = T_w$$

$$\frac{T - T_w}{T_0 - T_w} = erf\left(\frac{x}{2\sqrt{at}}\right) = \frac{2}{\sqrt{\pi}} \int_0^{\xi = \frac{x}{2\sqrt{at}}} \exp\left(-\eta^2\right) d\eta$$

$$q_w = -\left(T_0 - T_w\right)\frac{b}{\sqrt{\pi\, t}}$$

Wärmeeindringkoeffizient $b = \sqrt{\lambda\rho\, c_p} - \dfrac{\lambda}{\sqrt{a}}$

Fourier - Zahl $Fo = \dfrac{at}{X^2}$

$$\xi = \frac{x}{2\sqrt{at}}$$

$$\Theta = erf(c)\left(\frac{1}{2\sqrt{Fo}}\right)$$

Halbunendlicher Körper (q_w = konst)

$$q = q_w \cdot erfc(\xi) = q_w \cdot erfc\left(\frac{x}{2\sqrt{at}}\right)$$

$$T(x,t) - T_0 = \frac{2q_w}{b}\sqrt{t}\left[\frac{1}{\sqrt{\pi}}\exp(-\xi^2) - \xi\, erfc(\xi)\right]$$

Halbunendlicher Körper (RB 3. Art):

$$q_w = \alpha\,(T_w - T_\infty); \quad T_w = T(x=0)$$

$$\frac{T - T_\infty}{T_0 - T_\infty} = erf\left(\frac{1}{2\sqrt{Fo}}\right) + \exp\left(Fo\,Bi^2 + Bi\right)erfc\left(\frac{1}{2\sqrt{Fo}} + \sqrt{Fo}\,Bi\right)$$

$$Bi = \frac{\alpha x}{\lambda}$$

Temperaturausgleich in einfachen Körpern

$$\frac{\partial T}{\partial t} = a\left(\frac{\partial^2 T}{\partial r^2} + \frac{n}{r}\frac{\partial T}{\partial r}\right) \qquad n = \begin{cases} 0 & : \ \text{Platte} \\ 1 & : \ \text{Zylinder} \\ 2 & : \ \text{Kugel} \end{cases}$$

$$T(r,t) = \varphi(t)\Psi(r) \Rightarrow \begin{cases} \varphi' \mp aq^2\varphi = 0 \\ \psi'' + \dfrac{n}{r}\psi' \mp q^2\psi = 0 \end{cases}$$

$$\varphi = C_0\exp\left(-q^2 at\right)$$

$$\psi = \begin{cases} C_1\sin(qr) + C_2\cos(qr) & \text{für } n = 0 \\ C_1 J_0(qr) + C_2 Y_0(qr) & \text{für } n = 1 \\ C_1\dfrac{\sin(qr)}{qr} + C_2\dfrac{\cos(qr)}{qr} & \text{für } n = 2 \end{cases}$$

$$T(x,t) = C_0\exp(-q^2 at)\cdot\psi(qr)$$

$C_0, q \ : \quad$ aus Anfangs- und Randbedingungen

$J_0(qr) : \quad$ Bessel - Funktion nullter Ordnung, erster Art

$Y_0(qr) : \quad$ Bessel - Funktion nullter Ordnung, zweiter Art

Aufheizung / Abkühlung einfacher Körper

$T = T_0$ für $-X < x < +X$, $t \leq 0$

konvektiver Wärmeübergang $x = \pm X$, $t \geq 0$

$$Bi = \frac{\alpha X}{\lambda} \qquad \text{Biot - Zahl}$$

$$Fo = \frac{at}{X^2} \qquad \text{Fourier - Zahl}$$

ebene Platte ($X \triangleq$ halbe Plattendicke)

$$\frac{T(x,t) - T_\infty}{T_0 - T_\infty} = \sum_{k=1}^{\infty} \left[\frac{2 \sin \delta_k}{\delta_k + \sin \delta_k \cos \delta_k} \exp\left(-\delta_k^2 Fo\right) \cos\left(\delta_k \frac{x}{X} \right) \right]$$

Eigenwerte: $\delta_k \cdot \tan \delta_k = Bi$

Zylinder ($X \triangleq$ Radius)

$$\frac{T(r,t) - T_\infty}{T_0 - T_\infty} = \sum_{k=1}^{\infty} \left[\frac{2 J_1(\mu_k)}{\mu_k \left[J_0^2(\mu_k) + J_1^2(\mu_k) \right]} \exp\left(-\mu_k^2 Fo\right) \cdot J_0\left(\mu_k \frac{r}{R} \right) \right]$$

Eigenwerte: $\mu_k J_1(\mu_k) = J_0(\mu_k) \cdot Bi$

Kugel ($X \triangleq$ Radius)

$$\frac{T(r,t) - T_\infty}{T_0 - T_\infty} = \sum_{k=1}^{\infty} \left[2 \frac{\sin \nu_k - \nu_k \cos \nu_k}{\nu_k - \sin \nu_k \cos \nu_k} \exp\left(-\nu_k^2 Fo\right) \frac{\sin\left(\nu_k \frac{r}{R} \right)}{\nu_k \frac{r}{R}} \right]$$

Eigenwerte: $\nu_k \cot \nu_k = 1 - Bi$

Näherungslösungen mit nur einem Reihenglied:

$$Fo > Fo^* = \begin{cases} 0{,}24 & \text{ebene Platte} \\ 0{,}21 & \text{Zylinder} \\ 0{,}18 & \text{Kugel} \end{cases}$$

$$\frac{T(0,t) - T_\infty}{T_0 - T_\infty} = C_m \exp(-E Fo)$$

$$\frac{T_w - T_\infty}{T_0 - T_\infty} = C_w \exp(-EFo)$$

$$\frac{Q}{Q_0} = 1 - C_q \exp(-EFo)$$

$$Q_0 = \rho\, c_p V\left(T_0 - T_\infty\right)$$

Konstanten siehe Tab. 2.2-2.4

3 Konvektiver Wärmeübergang

Newtonsches Abkühlungsgesetz

$$q = \alpha\left(T_w - T_\infty\right)$$

3.1 Laminare Rohr-, Kanalströmung ($Re<Re_k$)

Geschwindigkeitsprofil (voll ausgebildet)

$$v(r) = -\frac{R^2}{4\eta}\left[1 - \left(\frac{r}{R}\right)^2\right]\frac{\partial p}{\partial x}$$

$$v_m = -\frac{R^2}{8\eta}\frac{\partial p}{\partial x}$$

$$\frac{\partial p}{\partial x} = \xi\frac{1}{d}\rho\frac{v_m^2}{2}$$

$$\xi = \frac{64}{Re}$$

Kritische Reynoldszahl

$$2300 \le Re_k \le 10^4$$

Bezugstemperatur für Stoffwerte

$$T_{bez} = (T_{ein} + T_{aus}) / 2$$

Charakteristische Länge X

Rohr: $X = D$, Spalt: $X = 2s$

Kinematische Viskosität

$$\nu = \frac{\eta}{\rho}$$

Nußeltzahl

$$Nu = \frac{\alpha X}{\lambda}$$

Reynoldszahl

$$Re = \frac{v_m X}{\nu}$$

Prandtl-Zahl

$$Pr = \frac{\nu}{a} = \frac{\nu \rho c_p}{\lambda}$$

Péclet-Zahl

$$Pe = \frac{v_m X}{a} = Re \cdot Pr$$

Modifizierte Péclet-Zahl

$$\tilde{Pe} = Re \cdot Pr \cdot \frac{X}{L} = \frac{1}{L^*}$$

Dimensionslose Einlauflängen

$$\text{hydraulisch:} \quad x^+ = \frac{x}{Re \cdot X}$$

$$\text{thermisch:} \quad x^* = \frac{x}{Re \cdot Pr \cdot X}$$

3.1.1 Hydrodynamisch und thermisch voll ausgebildet

$Re \cdot D / L < 20$ und $\tilde{Pe} < 0.1$

Nu_∞ für	T_w = konst.	q_w = konst	Wärmeübergang
Rohr	3.66	4.36	-
Spalt	7.54	8.24	beidseitig
Spalt	4.86	5.39	einseitig

3.1.2 Thermischer Anlauf, hydrodynamisch ausgebildet

$0.1 < \tilde{P}e < 10^4$

$T_w = konst.:$

$$Nu_m = 3.65 + \frac{0.19\,(x^*)^{-0.8}}{1 + 0.117\,(x^*)^{-0.467}} \quad \text{(Hausen)}$$

thermische Einlauflänge:

$$L_{th}^* = \frac{L_{th}}{Re \cdot Pr \cdot D} = 0.0335 \quad \left[Nu_x\!\left(x^* = L_{th}^*\right) = 1.05 \cdot Nu_{T,\infty} \right]$$

$q_w = konst.:$

$$Nu_m = \begin{cases} 1.953\,(x^*)^{-1/3} & \text{für } x^* \leq 0.03 \\ 4.364 + 0.0722\,/\,x^* & \text{für } x^* \geq 0.03 \end{cases}$$

$$L_{th}^* = 0.0431$$

3.1.3 Hydrodynamischer und thermischer Einlauf

$D\,/\,L > 0.1$

$T_w = konst.:$

$$Nu_m = 3.657 + \frac{0.0677\,(x^*)^{-4/3}}{1 + 0.1 \cdot Pr \cdot (x^+)^{-0.83}}$$

$$L_{th}^* = \begin{cases} 0.037 & \text{für } Pr = 0.7 \\ 0.033 & \text{für } Pr \to \infty \end{cases}$$

$q_w = konst.:$

$$Nu_m = 4.364 + \frac{0.01 \cdot (x^*)^{-1.33}}{1 + 0.0226 \cdot Pr^{0.155}\,(x^+)^{-0.829}}$$

$$L_{th}^* = \begin{cases} 0.053 & \text{für} \quad Pr = 0.7 \\ 0.043 & \text{für} \quad Pr \to \infty \end{cases}$$

$$L_{hyd}^+ = \frac{L_{hyd}}{Re \cdot D} = 0.056 + \frac{0.6}{Re(1 + 0.035 Re)}$$

3.2 Turbulente Rohrströmung

Hydraulischer Durchmesser

$$D_H = 4\,A\,/\,U$$

Reynolds- / Nußeltzahl

$$Re = \frac{v_m D_H}{\nu} \qquad Nu = \frac{\alpha D_H}{\lambda}$$

Allgemeine Näherung für kleine Temperaturdifferenzen ($T_w, q_w \neq$ konst.):

$$Nu_m = 0.023 \cdot Re_m^{0.8} \cdot Pr_m^{1/3} \cdot \left(\frac{\eta_m}{\eta_w}\right)^{0.14}$$

Index m: Stoffwerte bei Bezugstemperatur
Index w: Stoffwerte bei Wandtemperatur

$T_w =$ konst.

Allgemeine Gleichung nach Gnielinski (1984)

$$0.5 < Pr < 500 \qquad 2300 < Re < 10^6 \qquad \frac{L}{D_H} > 10$$

$$Nu_m = \frac{\frac{\xi}{8}\left(Re - 10^3\right)Pr}{1 + 12.7\sqrt{\frac{\xi}{8}}\left(Pr^{2/3} - 1\right)}\left(1 + \left[\frac{D_H}{l}\right]^{2/3}\right)$$

$$\xi = \left(1.82 \cdot \log_{10} Re - 1.64\right)^{-2} \qquad \text{Druckverlustkoeffizient}$$

Näherungsgleichung für Gase (Hausen)

$$0.5 < Pr < 1.5: \quad Nu_m = 0.0214\left(Re^{0.8} - 100\right)Pr^{0.4} \cdot \left[1 + \left(\frac{D_H}{l}\right)^{2/3}\right]$$

$$1.5 < Pr < 500: \quad Nu_m = 0.012\left(Re^{0.87} - 280\right)Pr^{0.4}\left[1 + \left(\frac{D_{II}}{l}\right)^{2/3}\right]$$

Gleichung für flüssige Gase

$$0 < Pr < 0.1 \qquad 10^4 < Re < 10^6 \qquad \frac{L}{D_H} > 60$$

$$Nu_m = 5 + 0.025\left(Re\,Pr\right)^{0.8}$$

$q_w = \text{konst.}$

Allgemeine Gleichung nach Petukhov (1970)

$$10^4 < Re < 10^6 \qquad 0.5 < Pr < 2000$$

$$\frac{Nu_q}{Re\,Pr} = St_q = \frac{\dfrac{\xi}{8}}{1.07 + 12.7 \cdot \sqrt{\dfrac{\xi}{8}}\left(Pr^{2/3} - 1\right)}$$

$$\xi = \left(1.82 \log_{10} Re - 1.64\right)^{-2} \qquad \text{Druckverlustkoeffizient}$$

Näherungsgleichung für Gase

$$0.6 < Pr < 0.9: \qquad Nu_m = 5 + 0.012\,Re^{0.83}\left(Pr + 0.29\right)$$

3.3 Längsangeströmte dünne Platte

Freistromgeschwindigkeit v_∞

Umgebungstemperatur T_∞

Bezugstemperatur für Stoffwerte: $T_m = \frac{1}{2}\left(T_w + T_\infty\right)$

Kritische Reynoldszahl: $\quad 3.2 \cdot 10^5 < Re_k < 3 \cdot 10^6$

Örtliche Nußelt-/Reynoldszahl:

$$Nu_x = \frac{\alpha_x x}{\lambda} \qquad Re_x = \frac{v_\infty x}{\nu}$$

Strömungsgrenzschicht laminar

$$\delta_s(x) = \frac{5x}{\sqrt{Re_x}}$$

Berücksichtigung $Pr < 0.6$ (flüssige Metalle)

$$f(Pr) = \frac{Pr^{0.17}}{\left(\left[\frac{\pi}{9}\right]^2 + 0.92\,Pr^{0.67}\right)^{0.25}}$$

Örtliche Nußeltzahl

laminar, $10 < Re_x < Re_k$, $0.01 < Pr < 1000$

$$Nu_x = 0.332\,Re_x^{1/2}\,Pr^{1/3} \cdot f(Pr)$$

turbulent, $Re_k < Re_x < 10^7$, $0.5 < Pr < 1.0$ (Gase)

$$Nu_x = 0.0287\,Re_x^{0.8}\,Pr^{0.6}$$

turbulent, $Re_k < Re_x < 10^7$, $0.6 < Pr < 15$

$$Nu_x = 0.0296\,Re_x^{0.8}\,Pr^{1/3}$$

turbulent, $10^7 < Re_x < 10^9$, $0.6 < Pr < 15$

$$Nu_x = 0.185\,\frac{Re_x\,Pr^{1/3}}{\left(\log_{10} Re_x\right)^{2.584}}$$

Mittlere Nußeltzahl

laminar, $10 < Re < Re_k$, $0.01 < Pr < 1000$

$$Nu_m = 0.664\,Re_L^{1/2}\,Pr^{1/3}\,f(Pr)$$

turbulent, $5\cdot10^5 < Re < 10^7$, $0.6 < Pr < 2000$

$$Nu_m = \frac{0.037\,Re_L^{0.8}\,Pr}{1 + 2.443\,Re_L^{-0.1}\left(Pr^{2/3} - 1\right)}$$

turbulent, für Gase, $5\cdot10^5 < Re < 10^7$, $0.5 < Pr < 1.0$

$$Nu_m = 0.0357\,Re_L^{0.8}\,Pr^{0.6}$$

turbulent, mit laminarem Anlauf $5\cdot10^5 < Re < 10^7$, $0.6 < Pr < 1000$

$$Nu_m = 0.037\left(Re_L^{0.8} - 23100\right)Pr^{1/3}$$

Eigentemperatur idealer Gase ($y = 0$, $w_x = 0$)

$$T_e = T_\infty + r \cdot \frac{v_\infty^2}{2c_p}$$

Recovery - Faktor: r = Pr^n

laminar   n = $1/2$

turbulent   n = $1/3$

3.4 Umströmte Körper

Freistromgeschwindigkeit v_∞

Konstante Wandtemperatur T_w

Filmbezugstemperatur für Stoffwerte: $T_m = \frac{1}{2}(T_w + T_\infty)$

$0.6 < Pr < 500$, wenn nicht anders angegeben

Mittlere Nußeltzahl, Reynoldszahl

$$Nu = \frac{\alpha D}{\lambda} \qquad Re = \frac{v_\infty D}{\nu}$$

3.4.1 Querangeströmter Zylinder (d = Zylinderdurchmesser)

Gnielinski (1975)

$$Nu_m = 0.3 + \sqrt{Nu_{m,l}^2 + Nu_{m,t}^2}$$

$$\left.
\begin{aligned}
Nu_{m,l} &= 0.664\, Re^{1/2}\, Pr^{1/3} \\[2mm]
Nu_{m,t} &= \frac{0.037\, Re^{0.8}\, Pr}{1 + 2.443\, Re^{-0.1}\left(Pr^{2/3} - 1\right)}
\end{aligned}
\right\} \quad \text{ebene Platte}$$

für Nu und Re charakteristische Überströmlänge $l = \dfrac{d\pi}{2}$

Whitaker (1976)

$$Nu_m = \left(0.4\, Re^{1/2} + 0.06\, Re^{2/3}\right) Pr^{0.4} \left(\frac{\eta_m}{\eta_w}\right)^{0.14}$$

3.4.2 Überströmte Kugel (d = Kugeldurchmesser)

laminar, $0 < Re < 2 \cdot 10^5$, $0 < Pr < \infty$ (Brauer, Sucker)

$$Nu_m = 2 + \frac{0.66}{\left[1 + \left(0.84 Pr^{1/6}\right)^3\right]^{1/3}} \frac{Pe^{1.7}}{1 + Pe^{1.2}}$$

turbulent, $2 \cdot 10^5 < Re < 10^7$, $0.6 < Pr < 2000$ (Gnielinski)

$$Nu_m = \frac{0.037 Re^{0.8} Pr}{1 + 2.443 Re^{-0.1}\left(Pr^{2/3} - 1\right)}$$

3.4.3 Querangeströmte Rohrbündel (fluchtend, versetzt)

Rohraußendurchmesser d

Längsteilung S_l

Querteilung S_q

Mittlere Strömungsgeschwindigkeit v_m

$$2 \cdot 10^3 < Re = w_m d/v < 4 \cdot 10^4$$

$$Nu_m = 0.32 Re^{0.61} Pr^{0.31} K_A \cdot K_R$$

Korrekturfaktor K_A für Anordnung der Rohre						
S_l/d	1.25			2.0		
Anordnung S_q/d / Re	1.2	2.0	2.8	1.2	2.0	2.8
fluchtend 2000	1.11	0.73	0.67	1.11	0.98	0.95
fluchtend 8000	1.09	0.83	0.80	1.03	1.00	0.99
fluchtend 20000	1.04	0.90	0.91	0.98	1.01	1.02
versetzt 2000	1.21	1.22	1.30	1.07	1.12	1.18
versetzt 8000	1.12	1.12	1.20	1.02	1.04	1.10
versetzt 20000	1.10	1.08	1.15	1.01	1.01	1.10

Korrekturfaktor K_R für Rohr-Reihenzahl N							
N	1	2	3	4	6	8	≥ 10
fluchtend	0.64	0.80	0.87	0.90	0.94	0.98	1.0
versetzt	0.64	0.75	0.83	0.89	0.95	0.98	1.0

4 Freie Konvektion

Bezugstemperatur für Stoffwerte:

$$T_{bez} = \tfrac{1}{2}\,(T_w + T_\infty)$$

Mittlere Nußeltzahl:

$$Nu = \alpha L / \lambda$$

Grashof-Zahl:

$$Gr = \frac{g\,\beta_p\,L^3\left(T_w - T_\infty\right)}{\nu^2}$$

Therm. Ausdehnungskoeff. $(T_{bez} = T_\infty)$:

$$\beta_p = -\frac{1}{\rho}\left(\frac{\partial \rho}{\partial T}\right)_{p=konst.}$$

Rayleigh-Zahl:

$$Ra = Gr\,Pr$$

Übergang laminar-turbulent:

$$3 \cdot 10^8 < Ra_k < 2 \cdot 10^9$$

4.1 Laminare Strömung:

Vertikale Platte, $10^6 \le Ra \le 10^9$:

$$\frac{Nu_x}{Ra_x^{1/4}} = \left(\frac{0.13\,Pr}{1 + 2.006\sqrt{Pr} + 2.034\,Pr}\right)^{1/4} \quad \text{(Le Fèvre)}$$

$$Nu_m = \frac{4}{3}\,Nu_x$$

Platte, Zylinder, Kugel, $10^{-4} \le Ra \le 10^9$:

$$Nu_m = Nu_0 + \frac{0.670 \cdot K_f \cdot Ra^{1/4}}{\left[1 + \left(\dfrac{0.492}{Pr}\right)^{9/16}\right]^{4/9}}$$

Form	Länge $L =$	Nu_0	Korrekturfaktor K_f
Vertikale Platte, (Senkr.Zylinder,wenn $\dfrac{D}{H} \geq 35 Gr_H^{-1/4}$)	Höhe H	0.68	1.0
Waagerechter Zylinder	Durchmesser D	0.36	$\sqrt{\dfrac{2}{\pi}} \approx 0.8$
Kugel	Durchmesser D	2	$\left(\dfrac{2}{\pi}\right)^{1/4} \approx 0.9$

4.2 Turbulente Strömung

Vertikale Platte, $10^9 < Ra < 10^{12}$:

voll turbulent:

$$\frac{Nu_x}{Ra_x^{2/5}} = 0.0295 \left(\frac{Pr^{5/6}}{1 + 0.494\, Pr^{2/3}} \right)^{2/5}$$

$$Nu_m = \frac{5}{6} Nu_x$$

laminarer Anlauf:

$$Nu_m^{1/2} = 0.825 + \frac{0.387\, Ra^{1/6}}{\left[1 + \left(\dfrac{0.492}{Pr} \right)^{9/16} \right]^{8/27}}$$

Platte, Zylinder, Kugel, $10^9 < Ra < 4 \cdot 10^{14}$:

$$Nu = \frac{0.15\, Ra^{1/3}}{\left[\left(1 + \left(\dfrac{0.492}{Pr} \right)^{9/16} \right)^{4/9} \right]^{4/3}}$$

5 Kondensieren und Sieden

5.1 Kondensieren

Umschlag laminar, turbulent :

$$\frac{Re}{Nu_m} = 2680$$

Kondensatfilmdicke   : δ_L
Verdampfungsenthalpie   : Δh_v

Gekühlte senkrechte Wand

laminare Filmströmung:

$$Nu_m = 0{,}925 \cdot Re^{-1/3}$$

Reynoldszahl:

$$Re = \frac{\dot{M}}{b \, \eta_L}$$

Kondensatmassenstrom

$$\dot{M} = \frac{\rho_L \, (\rho_L - \rho_G)}{3 \, \eta_L} \, g \, b \, \delta^3$$

Dicke des Kondensatfilms

$$\delta = \left[\frac{4 \, \lambda_L \, \eta_L \, (T_S - T_W)}{\rho_L \, (\rho_L - \rho_G) \, g \, \Delta h_v} \cdot x \right]^{1/4}$$

turbulente Filmströmung für Wasser

$$Nu_m = 0{,}02 \cdot Re^{1/3}$$

Senkrechte Rohre:

laminare Filmströmung:

$$b \quad = d \, \pi$$
$$Nu_m = 0{,}959 \, Re^{-1/3}$$

5.2 Blasensieden

Für Drücke nahe dem Atmosphärendruck

$$Nu = \frac{\alpha\, d_A}{\lambda} = 0{,}0871 \left(\frac{\dot{q}\, d_A}{\lambda'\, T_S}\right)^{0{,}674} \left(\frac{\rho''}{\rho'}\right)^{0{,}156} \cdot$$

$$\left(\frac{\Delta h_v\, d_A^2}{a'^2}\right)^{0{,}371} \left(\frac{a'^2 \rho'}{\sigma\, d_A}\right)^{0{,}35} (Pr')^{-0{,}162}$$

Abreißdurchmesser

$$d_A = 0{,}851 \cdot \beta_0 \sqrt{\frac{2\sigma}{g\,(\rho_L - \rho_G)}}$$

Randwinkel

$$\beta_0 \approx 40-45° \text{ (Wasser)}$$

': Flüssigkeitsgrößen
": Größen des gesättigten Dampfes

6 Wärmestrahlung

Absorptionszahl: a

Reflexionszahl: r

Durchlaßzahl: d

Festkörper: $a + r = 1, \quad d = 0$

Gase: $a + d = 1, \quad r = 0$

Diatherme Gase $a = 0, \quad r = 0, \quad d = 1$

Idealer Spiegel: $a = 0, \quad r = 1, \quad d = 0$

Schwarzer Körper:

$$a = 1, \quad r = 0, \quad d = 0$$

Energiebilanz:

$$a + r + d = 1$$

Gesetz von Kirchhoff (thermisches Gleichgewicht):

$$\varepsilon_\lambda(\lambda,T) = a_\lambda(\lambda,T)$$
$$\varepsilon(T) = a(T)$$

Grauer Strahler:

$$\varepsilon = a = f(T)$$

Plancksches Strahlungsgesetz (Schwarzer Körper):

$$I_s(\lambda,T) = \frac{c_1}{\lambda^5 \left[\exp\left(\dfrac{c_2}{\lambda T} \right) - 1 \right]}$$

$$c_1 = 2\pi\, h\, c_0^2 = 3.7417749 \cdot 10^{-16}\,\mathrm{Wm}^2$$
$$c_2 = h\, c_0 / k = 14387.69\,\mu\mathrm{mK}$$

Stefan-Boltzmann'sche Strahlungskonstante:

$$\sigma_s = 5.67 \cdot 10^{-8}\ \mathrm{W/m^2K^4}$$
$$C_s = 10^8 \cdot \sigma_s$$

Netto-Wärmestrom zwischen 2 Flächen $A_1 \le A_2$

$$\dot{Q}_{12} = C_{12}\, A_1 \left[\left(\frac{T_1}{100} \right)^4 - \left(\frac{T_2}{100} \right)^4 \right]$$

Wärmeübergangskoeffizient α_{Str}

$$\alpha_{Str} = \sigma_{12}\left(T_1 + T_2\right)\left(T_1^2 + T_2^2\right)$$

Strahlungskonstante der Anordnung:

zwei sich umschließende Flächen $\left(A_2 \text{ konkav}, A_1 \text{ konvex}\right)$

$$C_{12} = \frac{C_s}{\dfrac{1}{\varepsilon_1} + \dfrac{A_1}{A_2}\left(\dfrac{1}{\varepsilon_2} - 1 \right)}$$

parallele, unendlich große Flächen

$$C_{12} = \frac{C_s}{\dfrac{1}{\varepsilon_1} + \dfrac{1}{\varepsilon_2} - 1}$$

eine sehr kleine Fläche $A_1 \ll A_2$

$$C_{12} = \varepsilon_1 \cdot C_s$$

Literatur

Baehr, H.D., Stephan, K. (1994): Wärme- und Stoffübertragung, Springer-Verlag, Berlin, Heidelberg, New York

Biot, J.B. (1804): Mémoire sur la propagation de la chaleur, lu à la Classe des Sciences Mathématiques et Physiques de l'Institut National. Bibl. Br. Sci. Arts 27, 310-329

Biot, J.B. (1816): Traité de Physique Expérimentale et Mathématique. Tome I et IV. Paris: Deterville

Blasius, H. (1908): Grenzschichten in Flüssigkeiten mit kleiner Reibung, Z.Angew. Math. Phys. 56, 1

Brauer, H., Sucker, D. (1976): Stoff- und Wärmeübertragung an umströmten Platten, Zylindern und Kugeln, Chem.-Ing.-Tech. 48, 737-826

Churchill, S.W., Chu, H.H. ((1975): Correlating equations for laminar and turbulent free convection from a vertical plate, Int. J. Heat Mass Transfer 18, 1323-1329

Eckert, E.R.G., Drake, R.M. (1972): Analysis of heat and mass transfer, Mc Graw-Hill Book Company, New York

Ferziger, J.H., Peric, M. (1996): Computational Methods for Fluid Dynamics, Springer-Verlag, Berlin, Heidelberg, New York

Fourier, J.B. (1822): Théorie analytique de la chaleur, Paris: Gauthier-Villar

Fujii, T., Takeuchi, M., Fujii, M., Suzaki, K., Vehara, H. (1970): Experiments on natural convection heat transfer from the outer surface of a vertical cylinder to liquids, Int. J. Heat Mass Transfer 13, 753-787

Gersten, K., Herwig, H. (1992): Strömungsmechanik, Friedrich Vieweg & Sohn Verlagsgesellschaft mbH, Braunschweig

Gnielinski, V. (1975): Berechnung mittlerer Wärme- und Stoffübergangskoeffizienten an laminar und turbulent überströmten Einzelkörpern mit Hilfe einer einheitlichen Gleichung, Forsch. Ingenieurwes. 41, 145-153

Gnielinski, V. (1984): Wärmeübergang im konzentrischen Ringspalt, VDI-Wärmeatlas, 4. Auflage, Gd1-Gd5, VDI-Verlag, Düsseldorf

Grigull, U. (1964): Temperaturausgleich in einfachen Körpern: Ebene Platte, Zylinder, Kugel, halbunendlicher Körper, Springer-Verlag, Berlin, Heidelberg, New York

Grigull, U. (1971): Wärmeübertragung, Rückblick und Ausblick von der 4. Int. Konf. F. Wärmeübertragung, Chem.-Ing.-Techn. 4, 234-240

Grigull, U., Bach, J., Sandner, H. (1966): Näherungslösungen der nichtstationären Wärmeleitung, Forsch. Ingenieurwes. 32, Nr. 1, 11-18

Gröber, H., Erk, S., Grigull, U. (1963): Die Grundgesetze der Wärmeübertragung, Springer-Verlag, Berlin, Heidelberg, New York

Gröber, H., Erk, S., Grigull, U. (1981): Die Grundgesetze der Wärmeübertragung, 3. Auflage von U. Grigull / 3. Neudruck, Reprintausgabe, Springer-Verlag, Berlin, Heidelberg, New York

Hausen, H. (1959): Neue Gleichungen für die Wärmeübertragung bei freier und erzwungener Strömung, Allgem. Wärmetechn. 9, 75-79

Hottel, H.C., Sarofim, A.F. (1967): Radiative transfer, Mc Graw-Hill Book Company, New York

Howarth, L. (1938): On the solution of the laminar boundary layer equations, Proc. R. Soc. London, Ser. A 164, 547-579

Jischa, M. (1982): Konvektiver Impuls-, Wärme- und Stoffaustausch, Vieweg-Verlag, Braunschweig

Kabelac, S. (1994): Thermodynamik der Strahlung, Vieweg-Verlag, Braunschweig

Kays, W.M., Crawford, M.E. (1973): Convective heat and mass transfer, 2nd edn, Mc Graw-Hill Book Company, New York

Kays, W.M., London, A.L. (1973): Hochleistungswärmeübertrager, Akad.-Verl.

Le Fèvre, E.J. (1956): Laminar free convection from a vertical plane surface, Proc. 9th Int. Congr. Appl. Mech., Brüssel, 4, paper I-168

Lin, S.-J., Churchill, S. (1978): Turbulent free convection from a vertical, isothermal plate, Numerical heat transfer 1, 129-145

Martin, H. (1988): Wärmeübertrager, G. Thieme Verlag, Stuttgart

Merker, G.P. (1987): Konvektive Wärmeübertragung, Springer-Verlag, Berlin, Heidelberg, New York

Merker, G.P., Baumgarten, C. (1999): Fluid- und Wärmetransport, Strömungslehre, Teubner-Verlag, Stuttgart

Napolitano, L.G., Carlomagno, G.M., Vigo, P. (1977): New Classes of Similar Solutions for Laminar Free Convection Problems, Int. J. Heat Mass Transfer, Vol. 20, 215-226

Newton, I. (1701): Phil. Trans. Royal Soc., Vol.22, S.884

Oertel, H. (1995): Numerische Strömungsmechanik, Springer-Verlag, Berlin, Heidelberg, New York

Ostrach, S. (1953): An analysis of laminar free convection flow and heat transfer about a flat plate parallel to the direction of the generating body force, NACA, Techn. Report 1111

Pethukov, B.S. (1970): Heat transfer and friction in turbulent pipe flow with variable physical properties, Advances in Heat Transfer 6, 503-565

Pethukov, B.S., Popov, V.N. (1963): Teplofiz. Uysok. Temperatur (High temperature haet physics) 1

Pohlhausen, E. (1921): Der Wärmeaustausch zwischen Körpern und Flüssigkeiten mit kleiner Reibung und kleiner Wärmeleitung, Z. Angew. Math. Mech. 1, 115-121

Prandtl, L. (1904): Über Flüssigkeitsbewegung bei sehr kleiner Reibung, verhandlungen der 3. Intern. Math. Kongr., Heidelberg

Reynolds, O. (1883): An experimental investigation of circumstances which determine whether the motion of water shall be direct or sinuous, and of the law of resistance in parallel channels, Royal Society, Phil. Trans.

Rotta, J.C. (1972): Turbulente Strömungen, Teubner-Verlag, Stuttgart

Shah, R.K. (1978): A correlation for laminar hydrodynamic entry length solutions for circular and noncicular ducts, J. Fluid Mech. 100, 177-179

Siegel, R., Howell, J.R., Lohrengel, J. (1988): Wärmeübertragung durch Strahlung, Teil 1, Springer-Verlag, Berlin, Heidelberg, New York

Specht, H.B., Jeschar, R. (1984): Ähnlichkeitskennzahlen zur Beschreibung des Einflusses der Temperaturabhängigkeit von Stoffwerten beim Wärmeübergang an umströmten Körpern, Wärme- Stoffübertrag. 18, 75-81

Squire, H.B. (1938): (In Goldstein, S.: Modern developments in fluid dynamics, Vol. 2, Clarendon Press, Oxford)

Stephan, K. (1988): Wärmeübergang beim Kondensieren und beim Sieden, Springer.Verlag, Berlin, Heidelberg, New York

Verein Deutscher Ingenieure, Hrsg. (1994): VDI-Wärmeatlas, 7., erweiterte Auflage, VDI-Verlag, Düsseldorf

Whitaker, S. (1976): Elementary heat transfer analysis, Pergamon Press, New York

Zierep, J., Bühler, K. (1991): Strömungsmechanik, Springer-Verlag, Berlin, Heidelberg, New York

Stichwortverzeichnis